| 儿童情绪管理手册 |

儿童情绪心理学

李群锋 ◎ 著

苏州新闻出版集团
古吴轩出版社

图书在版编目（CIP）数据

儿童情绪心理学 / 李群锋著. -- 苏州：古吴轩出版社，2017.9（2023.10重印）
ISBN 978-7-5546-0581-3

Ⅰ.①儿… Ⅱ.①李… Ⅲ.①情绪—儿童心理学 Ⅳ.①B844.1

中国版本图书馆CIP数据核字（2017）第171834号

策　　划：沐　心
责任编辑：蒋丽华
见习编辑：顾　熙
装帧设计：润和佳艺

书　　名：儿童情绪心理学
著　　者：李群锋
出版发行：苏州新闻出版集团
　　　　　古吴轩出版社
　　　　　地址：苏州市八达街118号苏州新闻大厦30F
　　　　　电话：0512-65233679　　邮编：215123
出 版 人：王乐飞
印　　刷：唐山市铭诚印刷有限公司
开　　本：710mm×1000mm　　1/16
印　　张：15
版　　次：2017年9月第1版
印　　次：2023年10月第6次印刷
书　　号：ISBN 978-7-5546-0581-3
定　　价：38.00元

如有印装质量问题，请与印刷厂联系。022-69236860

培养儿童正面情绪,做明察秋毫的父母

对很多家长来说,"情绪管理"还是个新名词,但早在20世纪50年代,国外就已经提出这一概念,并且在之后的几十年中不断完善。无数事实证明,一个人的情绪以及控制情绪的能力直接影响着他的智商及情商,对其一生的事业和生活都起着不可估量的作用。因此,越来越多的家长开始重视孩子的情绪问题,希望能够帮助孩子培养良好的情绪管理能力。

从科学理论角度来讲,情绪并没有好坏之分,但是积极的情绪可以引发好的行为,而消极的情绪则会带来坏的行为。

同样,影响孩子行为的情绪也有积极和消极之分,即"正面情绪"和"负面情绪"。在人的情绪中,乐观、积极、自信、平和之类的情绪是正面情绪,而愤怒、恐惧、悲伤、忧虑等情绪则是负面情绪。科学研究表明,负面情绪不但会影响孩子的身心健康,对其生活和事业也会产生不良影响;而正面情绪则有助于培养孩子良好的性格,提高孩子的认知水平以及社交处世的能力。总之,正面情绪可以给孩子带来正面影响,成就孩子的幸福人生;而在负面情绪中长大的孩子,其性格发展和成长道路都会受到不良影响。所以,要想做一个合格的家长,不但要担负起孩子生活上的保健保育、学习上的指导辅助工作,还要帮助孩子管理好自己的情绪。

在研究儿童情绪管理的过程中，我们发现了一个很有意思的现象：通常，懂得情绪管理、以正面情绪为主的家长培养出来的孩子，大多也具有良好的情绪管理能力，并同样拥有积极、正面的情绪；而不会管理自身情绪、经常有负面情绪的家长，他们的孩子也存在一定的情绪问题。这说明，家长的情绪对孩子的情绪有着直接影响，而且，家长的情绪认知水平和掌控能力也影响着孩子正面情绪的发展水平。这更加凸显了家长学习情绪管理、帮助孩子培养正面情绪的重要性。

孩子有着和成人一样丰富的情绪体验，但是由于认知水平有限，他们往往无法察觉自己的情绪变化，更无法对自己的情绪进行有效的管理。因此，作为家长，首先要明察秋毫，对孩子表现出的各种情绪了如指掌，并且了解孩子会产生此种情绪的原因。只有这样，才能对症下药，消除他们的负面情绪，鼓励孩子发展正面情绪。

当然，家长不但要帮助孩子学习健康的情绪表达方式，更重要的是，要帮助他们培养尽可能多的正面情绪，消除负面情绪的影响。这是一个漫长而渐进的过程，不可能一蹴而就，有时看似立即见效的方法不一定是科学的方法，需要家长系统地学习才能掌握。比如，当孩子哭闹时，有的家长喜欢用零食或电视来转移孩子的注意力，虽然能暂时让他不再哭闹，但是孩子的身心健康会受到不良影响。因为一旦产生依赖，孩子一有负面情绪，就会习惯性地向零食或电视寻求安慰，长久来看是有害无益的。

因此，为了帮助家长学习并掌握情绪管理的方法，帮助、引导孩子培养正面情绪、消除负面情绪，特编写了这本《儿童情绪心理学》，希望能给家长以科学的指导，让家长与孩子共同受益、一起成长。

第一章 做孩子情绪的侦探：透视儿童情绪，读懂孩子的心

小测试：儿童情绪健康自测 / 002

儿童的情绪和大人的不一样 / 004

情绪表达，男孩女孩有差别 / 007

0～3岁，宝宝情绪发展的奥秘 / 010

3～6岁，培养正面情绪的关键阶段 / 013

童年是情绪脑发展的关键期 / 016

儿童情绪调节发展的特点 / 019

影响孩子情绪的因素知多少 / 021

留意孩子的情绪周期和不良信号 / 023

营造好环境，尽量不留情绪地雷 / 026

孩子的健康快乐，取决于家长的情绪调控力 / 029

延伸阅读：离异家庭的孩子情绪发展的六个阶段 / 031

第二章 愤怒是团小火焰：幼小心灵的怒火为何烧不尽

小测试：你的孩子情绪稳定吗 / 034

愤怒——四种基本情绪之一 / 037

愤怒情绪爆发前的"暗涌" / 040

儿童如何表达生气情绪 / 043

家中有个"猛张飞"，怎么办 / 045

"小皇帝"又发脾气了 / 047

缺爱的孩子脾气大 / 050

孩子不讲道理，多是情绪暴怒引起的 / 052

生气可以发泄，但别让孩子偏激 / 055

家长越让步，孩子就越不满足、越愤怒 / 057

延伸阅读：通过调节呼吸，释放孩子的暴躁情绪 / 060

第三章 悲伤抽泣为哪般：破译"宝宝心里苦"的心灵密码

小测试：你的孩子是正性情绪，还是负性情绪 / 062

悲伤，是一种正常的情绪反应 / 064

大哭，是儿童悲伤情绪的发泄口 / 067

每个悲伤的心灵，都经历过创伤时刻 / 069

最爱的东西消失，请允许孩子悲伤 / 071

父母感情不和，孩子更易悲伤 / 074

适度宣泄悲伤，利于培养孩子的积极情绪 / 077

延伸阅读：钟摆效应可强化孩子的好情绪 / 079

第四章 孩子总是说"怕"：驱赶内心的恐惧，让孩子的心灵充满阳光

小测试：你的孩子是否患有恐惧症 / 082

孩子的恐惧从何而来 / 084

儿童恐惧症的常见表现 / 087

与父母分离，易引发宝宝恐惧 / 090

宝宝害怕小动物，怎么办 / 093

儿童也会有社交恐惧症 / 096

幼儿睡眠干扰：怎样摆脱噩梦的纠缠 / 099

由陌生人和陌生环境引发的恐惧 / 102

99%的学生都有"开学恐惧症" / 104

延伸阅读：儿童牙科恐惧症产生的原因与干预手段 / 107

第五章 自卑感就像阴雨天：别让你的说话方式熄灭孩子内心的明灯

小测试：你的孩子自卑情结严重吗 / 110

自卑感不是与生俱来的 / 112

自尊心过强也是自卑的一种表现 / 114

爱说"我不"的孩子，多有自卑倾向 / 117

别让"别人家的孩子"毁了自家孩子的自信 / 120

让个子矮的孩子远离自卑 / 123

过度保护，不利于培养孩子的自信 / 125

当心！穷养的孩子容易自卑或短视 / 127

受挫后，孩子变自卑了怎么办 / 130

强调输赢或分数，会诱发孩子的自卑情绪 / 132

延伸阅读：当心肥胖儿童的自卑情结与社交回避 / 135

第六章 孩子也有焦虑感：对症下药，让孩子告别"压力山大"

小测试：孩子考试焦虑表现自测 / 138

孩子焦虑分五种类型 / 140

克服分离焦虑，从家长做起 / 143

断奶不科学，也会引发宝宝焦虑 / 146

黄昏焦虑症，是每个宝宝都要经历的 / 149

宝宝从夜间恐惧到睡眠焦虑 / 151

教育别太超前，孩子焦虑减半 / 153

你的孩子也有考试焦虑症吗 / 156

延伸阅读：情景游戏对儿童焦虑情绪的正面影响 / 159

第七章　孩子胆怯不用怕：共心共情，帮孩子建立自信

小测试：你的孩子属于C型性格吗 / 162

孩子胆小，有先天与后天之分 / 164

害羞也是胆小的一种表现 / 166

"胆小鬼"往往是吓唬出来的 / 169

孩子被欺负后变胆小，怎么办 / 172

说话声音小的孩子，多有胆怯情绪 / 174

胆怯的孩子不善与人交际，怎么办 / 176

延伸阅读：抓住内向型孩子的内在优势 / 179

第八章　孩子总是郁郁寡欢，表明他需要倾诉和关注

小测试：你的孩子有儿童抑郁障碍吗 / 182

抑郁不是大人的"专利"，儿童也会患上抑郁症 / 184

儿童抑郁症表现的五个层面 / 187

大人不要说"郁闷"，让孩子远离抑郁 / 189

冬天多晒太阳，孩子不会闷闷不乐 / 191

无形压力，"压"出孩子的抑郁 / 193

离异家庭的孩子得了抑郁症，怎么办 / 195

延伸阅读：父母心理控制与儿童抑郁、攻击行为的关系 / 198

第九章　厌学的心理之伤：给孩子心灵松绑，使其快乐上学

小测试：你的孩子有厌学情绪吗 / 202

儿童厌学情绪很普遍 / 205

上幼儿园的孩子也有厌学情绪 / 207

好孩子和"学霸"也会厌学 / 210

孩子心理疲惫缺自由，也会诱发厌学情绪 / 213

儿童厌学情绪多，大人过度保护惹的祸 / 215

人际关系紧张，也会让孩子产生厌学情绪 / 217

延伸阅读：儿童的挫败感和自信心的临界点 / 220

附录

通过孩子的画，感知孩子的情绪和性格 / 222

屡试不爽的十种儿童情绪管理法 / 224

第一章

做孩子情绪的侦探：透视儿童情绪，读懂孩子的心

小测试：儿童情绪健康自测

　　0~6岁的儿童正处于性格形成和情绪发展的关键期，孩子的情绪是否健康，可以通过下面简单的小测试来判断。

　　回答下列问题，答案为"是"则得1分，答案为"否"则不得分。

测试内容

1. 孩子是否经常因为一点小事而生气动怒，甚至大发雷霆？
2. 孩子是否经常闷闷不乐，即便大人逗他，也很难展露笑容？
3. 孩子是否经常胃口不好，吃不下东西？
4. 孩子睡觉时是否经常做噩梦，并时常被惊醒？
5. 孩子是否经常莫名其妙地哭泣，却又说不出原因？
6. 孩子是否不太喜欢与别人打交道，很少甚至几乎没有好朋友？
7. 孩子做一件事的时候是否经常走神、不专心？
8. 孩子是否有吮手指的坏习惯？
9. 孩子是否有一点不顺心的事就长时间地沉默？
10. 孩子是否很少和父母谈心？

11. 孩子是否经常控制不住自己的情绪，但事后又会后悔、内疚？
12. 孩子是否没有自信，遭到嘲笑就妄自菲薄、一蹶不振？
13. 孩子每天上学时是否会哭闹？
14. 孩子是否经常找借口来逃避去学校？
15. 孩子是否害怕黑暗，不敢一个人待在房间，不敢独自入睡？
16. 孩子是否害怕一些寻常的事物，如兔子、猫等小动物？
17. 孩子是否会嫉妒别人，甚至用语言攻击对方？
18. 孩子是否总喜欢黏着某一个大人，如妈妈、奶奶等经常照顾自己的人？
19. 孩子是否经常因感到不如别人而自卑？
20. 孩子是否喜欢参加集体活动？

答案解析

如果以上问题所得分数相加在0~6分，说明你的孩子情绪很正常，是个心理健康的孩子。

得分在7~13分，说明你的孩子在情绪上存在一些消极倾向，应及时引导和帮助。

得分在14~20分，说明你的孩子情绪极不稳定，甚至心理健康也存在一定问题，最好寻求心理专家和儿童教育专家的专业指导，帮助孩子尽早消除负面情绪。

 儿童的情绪和大人的不一样

妈妈接两岁多的忆萌从早教班出来,路边有一家炒货店的糖炒栗子刚刚出锅,一阵阵香味飘到鼻子里。忆萌拉着妈妈停了下来,用手指着栗子说:"妈妈,忆萌要吃。"

妈妈买了一袋栗子,售货员刚把栗子递给妈妈,忆萌就迫不及待地伸手要抢。妈妈怕忆萌被烫到,赶紧把袋子藏到身后,说:"等一下妈妈剥给你吃。"

"我要吃,我要吃!"忆萌一边喊,一边转到妈妈身后找栗子。妈妈把手举得高高的,一边剥,一边对忆萌说:"妈妈马上就剥好了,再等一下!"

栗子剥掉了壳,还是很烫,妈妈赶紧吹凉,然后送到忆萌嘴边:"好了好了,吃吧。"不料忆萌接过栗子,一下子扔得远远的,嘟着嘴叫:"坏妈妈!坏妈妈!"

妈妈很生气:"你这孩子,怎么这么不懂事?不吃算了,回家!"说着,妈妈抱起忆萌就往家走。忆萌一边大声哭,一边用两只小脚用力地踢妈妈,不小心将装栗子的袋子踢破了,栗子滚了一地。妈妈又气又恼,狠狠地在忆萌屁股上打了几下。忆萌索性放声大哭起来。路边的行人纷纷投来异样的目光,妈妈尴尬得不知怎么办才好。

孩子突然莫名其妙地发脾气，又哭又闹，家长却一头雾水，不知孩子究竟为什么情绪失控。这样的情形，或许每位家长都遇到过。虽然用哄骗、打骂等手段能暂时遏制孩子的哭闹，但是没过多久，这样的情形又会再次出现。家长"故伎重施"，可效果却越来越差。

其实，要想改变这种情况非常容易，只要家长正确解读孩子的情绪并了解他们独有的情绪表达方式，然后根据孩子情绪产生的具体原因去帮助并引导他们学会情绪管理就可以了。只有这样，才能促进孩子情绪的健康发展和身心的健康成长。

首先，家长要了解孩子的情绪，尤其是孩子表达情绪的方式。比如，例子中的忆萌一心想吃栗子，妈妈怕烫着她，剥好了、吹凉了才送到她的嘴边。但是忆萌对"烫"并没有清晰的了解，认为妈妈不能理解她迫切想吃到栗子的心情，因此大发脾气。后来妈妈的责备和打骂更加深了她的不满，所以才会哭闹不止。假如妈妈能蹲下来，让忆萌亲自用手碰一碰栗子壳，让她理解"烫"的概念，忆萌就不会那样乱发脾气了。

其次，孩子的情绪表达往往直接，且是通过行为来表达的。大人的情绪表达通常比较含蓄、委婉，不会不顾时间、场合胡乱发泄，而孩子则是喜怒哀乐都形于色，想让他们学会隐藏自己的情绪实在很难。通常孩子年龄越小，情绪表达就越直接，因为他们根本不知道何为"掩饰"。但受语言表达能力的限制，孩子的情绪更多的是通过行为来表达的。因此，家长要注意观察孩子表达情绪的日常行为或反常行为，比如有的孩子不高兴了会咬人，开心了会大叫，这些反常行为发生时大人不要摸不着头脑，而是要摸清规律，因势利导，让孩子学会把情绪通过恰当的方式表达出来，而不是哭闹和乱发脾气。

最后，家长要合理利用孩子情绪的多变性和波动性。俗话说"六月的天，孩子的脸"，说的就是孩子的情绪变化是很快的。而孩子又习惯通过行为将情绪变化表现出来，面部表情、肢体行动、声调语言等都会特别反常。孩子的这种情绪表达方式在大人看来或许有些夸张，但正是他们内心最真实的写照。有些在大人看来无关紧要的小事，在孩子心中却会掀起"滔天巨浪"。因此，家长一定要摸清自己孩子的脾气或秉性，在孩子情绪即将产生波动时不要斥责和打骂，而要及时察觉并引导孩子将情绪表达出来，这样做才有利于孩子情绪的健康发展。

 情绪表达,男孩女孩有差别

筱晨和筱煜是龙凤胎,筱晨是姐姐,筱煜是弟弟。虽然两个人出生时间只差三分钟,可脾气相差甚远:姐姐文静温和,比较害羞,胆子也较小;而弟弟除了调皮捣蛋外,性格也比姐姐急躁得多,脾气说来就来。

有一次,妈妈的同事带着孩子到家里做客。一开始,三个孩子玩得很开心,但后来因为抢一个玩具,筱晨被那个孩子推倒在地,哭了起来。筱煜一看姐姐受欺负了,立刻冲上去将玩具抢了回来,并大声说:"请你离开我家!"妈妈见筱煜这么没礼貌,很生气,让筱煜道歉,可筱煜不但不道歉,还把玩具扔在垃圾桶里,说:"我宁愿扔垃圾桶里,也不给你玩!"妈妈气得打了他一巴掌,筱煜脸憋得通红,眼泪在眼眶里直打转,接着大声地冲妈妈叫道:"他是客人也不能欺负人,妈妈随便打人也不是好人!"说完就冲进自己的房间,用力地关上了门。

妈妈将筱晨抱起来,说:"你是姐姐,弟弟不听话,你是不是应该听妈妈的话?"筱晨点点头,妈妈又说:"那么你们和好吧,和小客人一起玩,好不好?"筱晨眼眶里含着眼泪,听话地点了点头。

虽然是双胞胎，但筱晨和筱煜对同一件事给出了截然不同的反应：筱晨隐忍、内向，筱煜冲动、火爆。这从某个侧面折射出男孩和女孩在表达情绪时的不同。虽然每个人的情绪表达各不相同，但总体来说，男孩和女孩的情绪表达方式存在着较为明显的差异。

一般来说，女孩的情绪表达比较委婉、含蓄，她们不像男孩那么粗线条，也没有那么大大咧咧。因为心思比较细腻，所以女孩更容易情绪化。这种情绪化不会像男孩那样疾风骤雨般地表现出来，而是习惯把它压在心里。因此，作为女孩的家长，平时要细心观察孩子的情绪变化，并且及时疏导和指引，帮助孩子学会正确宣泄并转移负面情绪。还可以引导孩子用诉说的方式将自己的情绪告诉好朋友，尤其是同性朋友，这实际上是一种很好的减压方式。因此，多鼓励女孩之间相互交朋友，倾诉的过程其实就是情绪宣泄的过程，对于维持女孩的情绪稳定有着十分重要的意义。

和女孩喜欢压抑自己的情绪或者用语言倾诉情绪不同，男孩宣泄情绪

的方式更加直接、简单。男孩更喜欢用行动来表示自己的不满、愤怒和焦虑。当他们大吼大叫或者乱砸东西的时，就是在宣告："我很生气！""我对你很不满！"虽然有些方式我们并不认同，但是不能简单粗暴地阻止孩子宣泄情绪，否则会对孩子的身心发展产生不良影响。

那么，该怎样帮助男孩学会正确地管理情绪呢？在孩子还无法听懂道理时，不妨用宽容的态度接纳他们宣泄情绪的方式；当他们逐渐能够听懂道理时，就要开始教他们用正确的方式来管理自己的情绪。但无论如何，都要记住一点：情绪要疏导，而不能压制。

儿童情绪
心理学

 0~3岁，宝宝情绪发展的奥秘

周末，爸爸妈妈、爷爷奶奶一起带江江出去吃饭。两岁的江江一开始很兴奋，进入饭店后就一直东张西望，对什么都很感兴趣。可是当服务员上菜后，江江突然变得烦躁起来，他先指指爷爷奶奶，然后再指指爸爸妈妈，说："做错了！"大家一开始并不知道什么"做错了"，继续给江江夹菜、喂饭。然而，江江把嘴里的菜吐了出来，开始尖叫："做错了！做错了！"

"什么'做错了'？爸爸妈妈哪里做错了？"大人们感到莫名其妙。江江继续尖叫，用手指着他们，一直说："做错了！做错了！"

江江的尖叫引得周围的客人纷纷侧目，爸爸有些生气了："不听话就别吃！别理他，我们吃！"

爸爸原本打算"冷处理"，让江江安静下来，可江江更加狂躁起来。他从儿童椅上奋力站起来，努力伸长手臂，想端起奶奶面前的盘子。不料盘子太重，江江没端稳，汤和菜洒了一桌。爸爸气坏了，抬手要打江江，被爷爷和奶奶拦下。爸爸一气之下，拿起钱包要买单："吃个饭都不安稳，不如回家算了！"

"不要回家！不要！"江江一边哭一边叫，妈妈无可奈何地问："我的

小祖宗,你究竟要干啥?"

"做错了!你们做错了!"江江依然是这句话。妈妈看看自己和爸爸,再看看爷爷和奶奶,突然意识到,原来江江说的不是"做错了",而是"坐错了":在家里吃饭时,爸爸和妈妈坐在江江的左边,爷爷和奶奶坐在江江的右边;到了饭店,他们随意坐了下来,恰好和在家里就餐时坐的位置相反,爸爸妈妈坐在了江江的右边,而爷爷奶奶坐在了左边。

弄清了问题的缘由后,爸爸妈妈和爷爷奶奶换了位置,江江也很快安静下来,开开心心地吃起了饭。

座位的互换竟然引发了江江"海啸"般的情绪波动,这对大人来说实在难以理解。然而,在儿童的世界里是再正常不过的一种现象。尤其是0~3岁的孩子,更加容易因外界环境的变化而产生情绪波动。这一时期的孩子对周围环境的变化极为敏感,同时又具有很强的依赖性,因此一旦环境发生改变,他们的情绪也就随之改变。"一会儿哭,一会儿笑"就是孩子情绪多变的最好写照。

心理学认为,3岁左右的孩子正处于秩序形成的敏感期,当他所熟悉的秩序被打乱时,他的内心就会烦躁不安,但是他又无法用语言表达出来,因此就只能用最简单、最直接的方式——尖叫、哭闹,来宣泄心中的不满。大人无法理解,就会认为孩子不懂事,胡搅蛮缠。其实,对0~3岁的孩子来说,"发泄出来"或许是他们对待情绪变化的最直接方式,对此,家长可以靠以下的方法来引导孩子。

首先,试着理解孩子,切忌用斥责和打骂的方式使孩子安静下来。大人的理解会减轻孩子的痛苦,让孩子慢慢平静下来,从而不会采取更激烈的手段来对抗。

其次,抱以宽容的态度,允许孩子将不良情绪宣泄出来。这一时期的孩子大多还不太能明白大人所讲的道理，因此家长应该对孩子多一些理解和宽容。同时，家长还应该多拥抱和亲吻孩子，让他们感觉自己是被理解、被接纳的，这对孩子今后性格的养成也有很大的帮助。当孩子稍大一些时，家长可以在此基础上，逐步启发和教育孩子用科学的方法疏导并管理自己的情绪。

第一章

 3～6岁，培养正面情绪的关键阶段

5岁的泽恺一回到家就问："我昨天做手工的橡皮泥呢？"

"打扫卫生时被我扔掉了。"妈妈回答。

"你为什么要把我的橡皮泥扔掉？你赔！"泽恺很生气地说。

"昨天你不是说这个橡皮泥因为放得太久都干了吗？而且妈妈已经给你买了新的橡皮泥，旧的已经没用了，放在家里还占地方，所以我就扔掉了。"妈妈说。

"我不管，反正你要赔！你赔！你赔！你赔我橡皮泥！"泽恺一副丝毫不肯妥协的模样。

"我不是给你买了新的吗？就算是妈妈赔你的好了……"

"我不要，我要你再买一个赔我！"看妈妈不答应，泽恺一屁股坐到地上，放声大哭起来。妈妈本想拉他起来，可被他用力甩开了。妈妈想了想，走出了房间。

过了一会儿，妈妈过来问他："泽恺，你想玩游戏吗？"

"不想！"泽恺一边哭一边回答。

妈妈转身走了出去。过了一会儿，妈妈又过来问他："你是想继续一个

人坐在这里哭,还是想跟妈妈一起玩游戏?"

"什么游戏?"泽恺抽抽搭搭地问。

"木头人,不许动。"这是泽恺最喜欢玩的游戏,他想了一下站了起来。妈妈把他领出房间,开始玩起游戏。很快,笑容又回到了泽恺的脸上。

玩累了,妈妈拿出冰激凌给泽恺吃,然后说:"妈妈没有和你商量就把橡皮泥扔了,是妈妈不对,下次妈妈不会这么做了。不过你冲妈妈乱发脾气也不对,是不是?"

泽恺点点头。

"发脾气和哭都不开心,还是玩游戏开心。下次我们不发脾气,也不哭了,好吗?"妈妈接着说。

听了妈妈的话,泽恺想了想,说:"对!下次不发脾气了,妈妈不开心,我也不开心。我们一起玩游戏最开心了!"

和0~3岁的孩子不同,3岁之后的孩子虽然情绪依旧多变,但是已经能够听懂并逐步接受父母的教育和引导。因此,这一阶段是培养孩子正面情绪的关键期。

每一个孩子都有着丰富的情绪体验,但如果没有得到正确的引导和教育,他们表达情绪的方式可能会出现偏差。假如长时间缺乏父母的正确引导,孩子的负面情绪就会越积越多,再加上他们不知如何排解负面情绪,情况很可能会越来越糟糕。而6岁前是儿童成长的关键期,作为家长,一定要抓住这一关键期,尽可能排解孩子的负面情绪,培养孩子的正面情绪。

不要指望6岁之前的孩子能理性地对待情绪问题,即便他们已经能听懂并接受某些道理,这依然是一个漫长且反复的过程。因此要想让孩子拥有正面情绪,家长的培养十分重要。家长不但要以身作则,还要掌握科学的

教养方法。

1. 想要孩子情绪积极，家长首先要管好自己

在孩子犯错之后家长切忌大发脾气，因为在培养孩子正面情绪这一点上，家长检视自身的情绪模式比矫正孩子的情绪模式更有效，所谓"言传身教"就是这个道理。家长的不良情绪会直接影响孩子的情绪培养，作为父母，一定要先控制好自己的情绪，给孩子起到良好的示范作用。

2. 做孩子情绪的疏导员

当孩子出现负面情绪时，家长要及时进行干预，协助孩子辨识情绪并引导他进行情绪调节，这是很有效的亲子沟通方式。当父母耐心倾听并发问时，孩子会有"无论我怎么样，父母都关心我"的安心感，这对未来培养孩子稳定的情绪有很大的帮助。

3. 帮助孩子学习控制负面情绪的技巧

研究表明，做运动可以有效减压，因此父母可经常带孩子去户外做运动，让他在运动中学习静心和放松的技巧。另外，要鼓励孩子多培养一些兴趣爱好，这些都能帮助孩子舒缓压力、控制情绪。

4. 帮助孩子建立自信

自信的孩子拥有良好的抗压能力及消解负面情绪的能力，在人际关系的处理上也会更得心应手。父母在平时要给予孩子更多的表扬和肯定，让他对自己有信心，也能有效提高孩子的情绪表达能力。

 童年是情绪脑发展的关键期

暑假里，妈妈带7岁的致远回老家，致远和舅舅家的姐姐一起看《还珠格格》，看到高兴的地方哈哈大笑、手舞足蹈。

"姑姑，姑姑，致远哭了！"过了一会儿，姐姐对致远妈妈说。致远妈妈赶紧问："怎么了？"

"不知道啊！"姐姐也有些莫名其妙。突然，她好像想起了什么："他不会是被感动得哭了吧？刚刚皇太后逼尔康和紫薇分手，好惨呢！"

致远妈妈走过去，看见电视里还在放着紫薇与尔康道别的场景，看一眼致远，发现他的眼睛里充满了泪水，到后来竟然大声哭了起来。妈妈很惊讶：这完全是爱情的表白台词，7岁的致远怎么可能听得懂？可是如果他听不懂，为什么又哭得如此伤心呢？

很显然，7岁的致远是不可能懂得男女之情的，那么他为什么会哭泣呢？其实，这是人类的情绪脑造成的。人们通常认为，人类的情感和行为是由大脑控制的，即我们引以为豪的理智脑。但事实上，人类的大脑分为三层：最里面的一层是指挥人类最基本的生理机能的本能脑，因为它和爬

行动物的大脑有很多相似之处，所以也被称为爬行脑；中间一层负责人类各种情绪的产生，如悲伤、喜悦、恐惧等，被称为情绪脑。因为所有的哺乳动物都有这种结构，所以又称为哺乳脑；最外面一层是我们的理智脑，抽象逻辑思维等高级思维都是由理智脑控制的。致远的哭泣是被剧中人物的表情、语言甚至悲伤的配乐感染，于是情绪脑便开始工作，让他情不自禁地流泪哭泣。

情绪脑对人的学习、记忆、决策等有着重要的影响，科学家通过研究发现：能够很好地管理自我情绪、拥有正面情绪的人，通常智力水平也较高，在情绪和理智发生冲突时，他们更能用理智控制冲动的情绪；反之，不能控制自我情绪、负面情绪较多的人，往往会被情绪左右，生活也更容易陷入困境和烦恼中。而童年是情绪脑发展的关键期，并且与孩子的智力发展关系密切。这也正是在童年时期，家长要小心呵护孩子的情绪脑发育，关注孩子的情绪发展并加以科学指导，培养孩子良好情绪管理习惯的意义所在。

然而，无论是谁，都有理智无法控制情绪的时候，更何况情绪脑的反应要比理智脑快五十倍，所以人们的情绪反应通常是不由自主的。这就更加说明了学习情绪管理的重要性，只有培养良好的情绪管理习惯，孩子才能尽可能多地用理智控制情绪，而不会被不良情绪左右，从而造成行为的偏差。那么，该如何来保护孩子的情绪脑发育呢？不妨试试以下几个办法。

1. 培养孩子表达情绪的能力

当孩子出现情绪时，家长要帮助他表达自己的感受："你是生气了吗？""妈妈知道你不喜欢吃胡萝卜。"同时家长要引导孩子说出自己的感受，这样以后孩子才能描述自己和他人的情感，为他进一步的情绪发育和情感认知奠定基础。

2. 为孩子营造和谐美满的家庭氛围

和谐美满的家庭关系是培养孩子积极情感的重要因素，因此如果家长在外面受了气，回家以后千万不要把"无名火"撒在家人，尤其是孩子身上。需要注意的一点是，夫妻关系、婆媳关系不只是大人的事，还会影响孩子积极情感的发育。

3. 培养孩子应对挫折的积极情感

现在的孩子成长环境虽然越来越优越，但他们内心的承受力却越来越差，稍微遇到一点挫折和困难就大发脾气，任凭家长怎样安慰都不依不饶，这样下去孩子将形成不良的情绪反应习惯。因此家长要鼓励孩子积极想办法解决困难，培养他积极的心理反应模式。

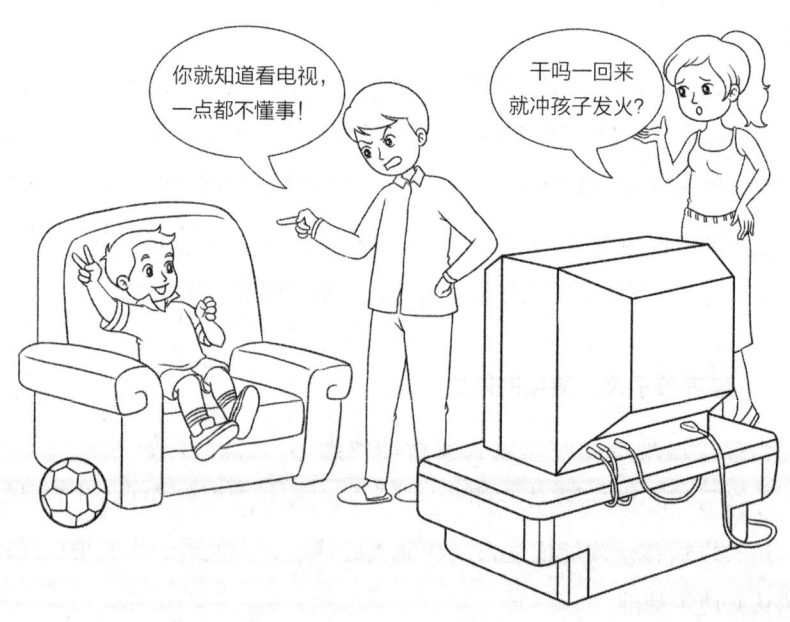

 儿童情绪调节发展的特点

妈妈回到家,保姆正在给两岁半的梦瑶穿衣服。穿好衣服,保姆对梦瑶说:"我们下楼去玩一会儿吧!"

"不去!不去!"梦瑶的头摇得像拨浪鼓。

"就玩一会儿,一会儿就上来。"保姆哄着梦瑶,可梦瑶依旧一个劲地摇头,说什么也不肯下去玩。妈妈觉得很奇怪,梦瑶之前很喜欢出去玩,现在这是怎么了?

"梦瑶不肯出去玩已经有一段时间了,就连楼下的运动器材区都不肯去。"保姆无奈地说。

"梦瑶,妈妈带你出去玩,好不好?"梦瑶妈妈牵起女儿的手温和地说。

"我不要去!"梦瑶跑进房间,"砰"的一声关上了房门。

梦瑶以前喜欢出去玩,而现在突然不愿意出去,一定是某件事或者某种环境影响了她。对于这一情况,家长不必过于紧张,搞清问题的缘由才是关键。在孩子很小的时候,由于认知水平有限,对环境并没有"陌生"

与"熟悉"之分，但是随着年龄的增长，孩子在陌生的环境中会感到不安和害怕。有一段时间，他们更乐意待在家里，因为熟悉的环境和人可以给他们安全感。对此，父母不要强迫孩子，父母的陪伴是最能给孩子安全感的，如果能由父母带孩子出去，那最好不过。

至于梦瑶转过身，不愿意理睬妈妈以及将自己关在房间里的做法，其实是为了表达大人对她不理解而产生的不满，只是她还小，不会用语言来表述，因此直接用行为来表示抗议。这是儿童情绪调节能力发展到一定阶段的表现。儿童的情绪调节是随着年龄的增长而不断发展的。最初阶段，他们依赖他人的支持进行调节，比如婴儿时期，完全靠父母的抚慰、喂食以及用玩具转移注意力等方式来缓解自己的情绪。从一岁开始，孩子逐渐学会在大人的指导下进行自我调节，甚至会模仿大人的行为来主动调节自己的情绪。

儿童情绪调节还有一个特点，就是情绪表达的随意性也会随着年龄的增长逐渐固化。一开始，他们只是随意地用某种手段表达自己的情绪，比如高兴的时候大喊大叫，不满的时候摔东西，等等。但是，随着行为习惯的养成，这一方式就有可能成为他们发泄某种特定情绪而采用的特定方式。

而且，随着年龄的增长，孩子会逐步运用各种方法来调节自己的情绪，从婴儿时期的自我身体安抚到2～3岁时用游戏来调节情绪，到4～5岁时通过分散注意力、回避他人不良情绪等方式来调节情绪，再到5～6岁开始逐步用积极的、具有建设性的社交方式来调节情绪。总的来说，情绪调节具有复杂性逐步增强的特点。

总之，儿童情绪的调节是随着年龄的增长而不断改变和发展的，因此在每一个成长阶段，家长都要根据儿童情绪调节的特点给予孩子适当的关注和引导。

影响孩子情绪的因素知多少

依冉的妈妈是高龄产妇,加上曾经对公司做出了特殊贡献,所以领导特批了她六个月的产假。可产假再长也有结束的时候,依冉妈妈上班前,将依冉的奶奶从农村接来照顾孩子,同时给依冉断了奶。

由于之前没有经过任何磨合,因此在同一个屋檐下生活没几天,两个人的矛盾就突显出来了。无论是作息时间、卫生习惯还是日常的生活细节,依冉妈妈和奶奶都存在很大的差异。尤其是在教育理念方面更是意见相左。一开始大家还能彼此忍让,可时间一长矛盾就开始升级:先是冷战,能不交流就尽量不说话;然后,有意无意地说一些让对方难受的话;最后发展到摔东西,甚至讲一些难听的话。妈妈不痛快了就拿爸爸出气,奶奶受了气也找爸爸诉苦。爸爸夹在中间两头受气,心情也不好。家里的气氛一天到晚都很糟糕。

在此期间,妈妈发现依冉变得非常爱哭,一哭就很长时间,怎么哄也停不下来。后来竟然还出现了两侧腹股沟疝气,而且特别胆小,容易受惊。后来咨询了专家才知道,是依冉情绪方面出了问题,而这一切都是不和睦、不协调的家庭环境导致的。

毋庸置疑，环境对儿童情绪的影响是很重要的。上文中依冉出现的问题，就是受到家庭的不良环境影响而产生的。假如这种不和谐关系继续下去，孩子的情绪就会越来越糟糕，从而产生一系列生理和心理问题。而且，随着年龄的增长，孩子的活动范围会逐渐扩大到学校与社会，学校与社会环境也同样会给孩子的情绪带来影响。因此，给孩子提供健康和谐的环境不仅是家长的责任，也是全社会的责任。

除了环境之外，还有很多因素也影响着孩子的情绪，比如色彩、音乐、温度，甚至天气也会对孩子的情绪感知和表达造成影响。阴雨天，孩子的情绪会比较低沉；阳光明媚的天气，孩子的情绪则会变得欢快喜悦。众所周知，蓝色和绿色等色彩之所以被称为心理镇静剂，就是因为它们能使人的情绪镇定，令激烈、亢奋的情绪安定、平和下来。学校教室的墙壁通常涂成绿色和蓝色就是这个道理。至于音乐对人们情绪的影响力则更不用多说了，大家都知道，舒缓的音乐能抚慰人们焦虑、愤怒的情绪，而高亢的音乐则能令人情绪激昂。因此如果想让孩子放松心情、保持平和的心态，不如让他们多听听悠扬舒畅的乐曲；而要想让孩子振奋精神，那么节奏感强烈的古典音乐是个不错的选择。

此外，孩子本身的认知水平对情绪也有很大的影响。比如，对同一件事，有的人带着积极的态度去看，就会产生积极的情绪；而有的人用消极的眼光去看，随之就会产生消极的情绪。因此，情绪如何，看法和角度很重要。明白了这一道理，家长就应该引导孩子多用积极的心态看待问题，从而减少孩子不良情绪的产生。

 留意孩子的情绪周期和不良信号

"乐乐,上学啦!"妈妈一边找外套一边喊。

半天没动静,妈妈回头一看,乐乐蜷在沙发上一动不动。

"再不走要迟到了,乐乐!"妈妈叫道。

"妈妈,我不想上学。"乐乐低声说。

"为什么?"妈妈吃了一惊。

乐乐低着头,不说话。

"是老师批评你了吗?"妈妈问。

乐乐摇摇头。

"是和小朋友闹矛盾了?"

乐乐还是摇摇头。

"是因为不好好吃饭,保育阿姨骂你了吗?"

听了妈妈的话,乐乐用力地摇头:"不是!不是!"

"你是不是哪里不舒服?"妈妈突然紧张起来,用手摸摸乐乐的额头,又摸摸他的肚子,"头疼吗?还是肚子不舒服?"

"没有。"乐乐推开妈妈的手。

"那你为什么不去上学？"妈妈有些生气了，觉得乐乐在无理取闹。

"我不想上学，就是不想上学！"乐乐好像也有些生气了，大声说。

妈妈看看乐乐，并不像生病的样子，又想想昨天从幼儿园接回来时孩子也没有什么异常。妈妈觉得奇怪，就打了个电话给老师。老师说这些天并没有发生什么事情，乐乐在幼儿园的表现也一切正常。至于乐乐为什么突然不肯去上学，老师也觉得有些莫名其妙。

通常，大多数家长对培养孩子的行为习惯、思想品德以及开发孩子智力等方面关注较多，常常忽略孩子的情绪问题。其实不论是刚出生的婴儿，还是五六岁的孩子都有情绪，并且会交替出现情绪高潮与低谷，两者交替的这段时间就叫情绪周期。

儿童的情绪周期虽然没有明显的规律可循，但只要细心观察、用心体会，家长还是可以察觉出孩子的情绪变化的。比如，在一段时间内孩子的情绪比较高涨，对什么都感兴趣，学习效率也很高，与周围的人能和谐、友好地相处；而有一段时间，孩子的情绪则会跌入低谷，对什么都提不起兴趣，还会时常产生莫名的愤怒与不安。

影响孩子情绪周期出现的因素有很多，有时候并不是明显的外界干扰或者某一特定事件的影响，而是莫名其妙就会陷入情绪低谷或者莫名其妙地心情很好。相信这样的体验绝大多数成人也都经历过。那么怎样分辨孩子是处于情绪高潮期还是低潮期呢？其实很简单。

孩子的情绪通常是明朗且不加掩饰的，他们的喜怒哀乐相对于成人来说，很容易被一眼看穿。即便他们不懂如何表达自己，他们的言行中也会透露出一系列的信号。比如，上文中的乐乐没有缘由地不肯上学；比如，有的孩子突然食欲不振；又比如，有的孩子一段时间内很爱哭，而且怎么哄也哄不好……这些都是我们判断孩子情绪周期的信号。一旦孩子的言行

中出现这些不良信号，我们就应该重视，关心孩子的情绪，想办法缩短他们的情绪低潮期，用科学的方法帮助他们走出情绪低谷。

总之，如果孩子的言谈举止出现异常，和平日的表现大不相同，有可能就是他们情绪周期发生变化的信号。做一个明察秋毫的父母，关注并了解孩子的情绪周期，及时给予科学的指导和帮助，有助于引导孩子更好地控制自己的情绪和行为。

 营造好环境，尽量不留情绪地雷

幼儿园大班的马老师发现琛琛有个很奇怪的习惯：每次老师布置学习任务后，比如画一幅画或者唱一首儿歌等，琛琛总是非常紧张，紧张得甚至连笔都拿不好，说话也变得结结巴巴。别的小朋友都开始画画了，琛琛却发起了呆，愣愣地坐在座位上，什么也不做。过了一会儿，他开始哭泣，声音越来越大，然后开始乱摔东西，不仅自己无法好好完成老师布置的作业，还影响其他的小朋友画画。

是什么让6岁的琛琛如此焦躁呢？马老师通过长时间的接触终于明白了原因，原来琛琛的压力来自父母：他们都是名牌大学的高才生，琛琛遗传了他们的优秀基因，从小就聪明过人。一岁半还不到，别的孩子才刚刚学说话，琛琛就会念儿歌、背唐诗了。上幼儿园之前，琛琛的画就已经获得过全国幼儿绘画的大奖。琛琛的父母引以为傲，同时对琛琛的要求也更加严格。无论是朋友小聚，还是参加大型竞赛，琛琛的父母都要求琛琛必须做到最好。如果得不到第一，回家后就要被叱责、批评。琛琛为了听到父母的赞扬，每次都很努力地表现。可事实并不尽如人意，就算琛琛再怎么努力，也不可能每次都得第一。于是，琛琛的焦虑也日趋严重，发展到后

来，别说参加竞赛，就连老师布置的任务都无法好好完成了。

随着年龄的增长，每一次类似的事件发生，或者某一个相似的情境出现，我们的情绪都会发生相似的变化，或者愤怒，或者沮丧，或者悲哀，等等。而这种固定的情绪反应模式，我们称之为"情绪地雷"。上文中琛琛表现出的焦虑就是一种明显的情绪地雷。

那么孩子的情绪地雷是如何产生的呢？答案是环境影响。在婴幼儿时期，孩子的认知过程受环境的影响很深，因为他们的观察力、注意力、识记力都是在潜意识的推动下完成的。如果将孩子的大脑比作一部留声机，那么周围的环境就是唱片上刻录的内容，并且是在不知不觉中留下的。严苛的家庭环境、苛刻的父母要求让年幼的琛琛无法喘息，久而久之，一旦遇到问题他的情绪地雷就会被触发——极端紧张、不知所措、焦虑狂躁。

　　既然被称为"情绪地雷"，可想而知一定是不好的情绪。那么在孩子很好地实现情绪上的自我调控之前，家长所能做的无非是营造一个良好的环境，让孩子感受到爱和温暖，在宽松、平和的环境中成长。不要给孩子太大的压力与过高的期望，更要远离暴力和伤害。环境，尤其是家庭环境和氛围，会被孩子敏锐地"刻盘"，从而转化为潜意识的情绪。如果这种情绪是消极的，它就会像一颗地雷一样，长期潜伏在孩子的潜意识中，日后遇到同样的事件或者相似的情景就会发作。久而久之形成惯性，再想消除就比较困难了。

 孩子的健康快乐，取决于家长的情绪调控力

"神经病的儿子来了，咱们快跑！"

欢欢还没走到运动器材区，原本玩得开心的孩子们远远看见他，就都跑远了。欢欢望着他们的背影，难过得低下了头。

"神经病"，不仅是孩子们对欢欢妈妈的称呼，小区里的大人私下也这样叫欢欢妈妈。其实欢欢的妈妈根本没有精神上的疾病，只是由于性子太急躁，脾气又坏，常常跟邻居起口角、闹矛盾，并且每一次都要占上风，否则就不依不饶、大哭大闹，甚至跑到别人家撒泼耍赖，所以大家都这样称呼她。既然妈妈是"神经病"，欢欢自然就成了"神经病的儿子"。

有一次，欢欢和一个孩子因为一点小事起了冲突，孩子之间打打闹闹很正常，吵过闹过转眼就和好了。可是欢欢妈妈却像发怒的老虎一样冲上去，一把将那个孩子推倒在地，并破口大骂。自那以后，小区里的孩子都不敢跟欢欢一起玩耍了。"以后不许跟'神经病的儿子'玩！"大人这样告诫自己的孩子。没人愿意跟欢欢玩，欢欢觉得很孤独，也很不开心。

很显然，欢欢的妈妈是一个不懂得如何控制情绪的人，即很情绪化的人。父母作为孩子最亲近的人，自身的情绪以及情绪调控能力对孩子的情绪起着至关重要的作用，也就是说，父母过度情绪化会对孩子造成超乎想象的危害。

情绪化通常就是我们所说的喜怒无常，刚刚还是和风细雨，突然间就为了一点小事大发雷霆。在这样家庭环境中生活、成长的孩子通常缺乏安全感，时刻处于一种不安状态，因为他们不知道父母会不会突然发脾气。长期的压抑和紧张会令孩子胆小怯懦、自卑内向，也有可能孩子"继承"了父母的情绪化，变得同样喜怒无常，令人不敢接近。

情绪化给孩子带来的伤害不仅仅是精神上的，对孩子的身体健康也有着不良影响。由于情绪低落、郁郁寡欢，孩子身体的抵抗能力也会下降，所以经常生病，发育状况也比同龄人落后。

无数的事实证明，家长情绪状况不良，孩子的情绪状态也令人担忧；家长的情绪调控能力低，孩子在情绪上的自我调控能力也不会太高。因为父母是孩子的第一任老师，也是孩子的学习榜样，日常生活中的耳濡目染，会让孩子不知不觉地学习家长的行为处事，当然也包括情绪调控方式。所以要教会孩子做情绪的主人，家长自己首先要学会做情绪的主人。只有善于调节自身情绪、时常带着正面情绪的家长，才能教育出健康、快乐、积极向上的孩子。

还有一些家长具有两面性：在外人面前彬彬有礼、节制有度，但是回到家中，却不懂得控制自己的情绪，对待家人脾气暴躁，非常情绪化。这对家人尤其是孩子，都是不公平、不理智的。不要认为孩子年幼，听不懂大人的话，就可以肆意地向他们宣泄自己的情绪，要知道，孩子都拥有敏锐的感受力，即便是声音、语调上微妙的差异，孩子也能感受到父母的情绪变化，进而影响情绪表达。

 **延伸阅读：离异家庭的孩子情绪发展的六个阶段**

离婚率升高已经成为当今社会的一个普遍问题，离婚，不仅仅是一段婚姻关系的结束，也代表着一个家庭的破裂，而孩子作为这个家庭的一分子，是最无辜，也是最无助的。或许很多家长都会认为：孩子还小，虽然有影响，但等离婚的事情尘埃落定后，一切都会恢复正常。但事实证明：离婚带给孩子的伤害不只是一时的。假如得不到正确的疏导和指引，孩子的情绪、心理、行为以及性格等都会出现问题，带给孩子遗憾和痛苦。

要想帮助离异家庭的孩子从人生的打击中走出来，更加科学、系统地帮助他恢复身心健康，首先要了解离异家庭的孩子在情绪发展模式上具有哪些共性，然后才能根据这些共性进行有针对性的疏导。一般来说，离异家庭的孩子情绪发展会经历以下六个阶段。

其一是没有安全感的阶段。在离婚前后，当大人为离婚的事争斗得焦头烂额之时，常常会忽视孩子的感受与存在，这会让孩子产生严重的不安全感。他们会自问："我该怎么办？""爸爸妈妈不要我了，我该上哪里去？"这种不安会让孩子感到焦虑、自卑，让孩子变得脆弱。

其二是痛苦、愤怒的阶段。孩子有时会将大人的过错归咎于自身，在大人闹离婚时，我们常常会看到孩子哭着喊："爸爸妈妈，你们别离婚了，我听话！我好好学习！我再也不调皮了！"这样的情景令人心酸，同时也喊出了孩子的痛苦与悲伤。当他们意识到父母离婚的局面无法改变时，痛苦或许就会变为愤怒。由此出现的各种逆反行为就是这种愤怒的表现。

其三是盲目乐观阶段。当孩子意识到父母的离婚不可避免时，他们或许会试着说服自己：离婚之后，说不定状况会变好。天天鸡飞狗跳的日子，不要说大人，就连孩子也会恐惧。当然，孩子并不具备准确的分析判断能力，在这一阶段中，他们对未来乐观的判断多是盲目的幻想。

其四是封闭自我阶段。父母离婚，对于大多数孩子来说，都是一件尴尬、难以启齿的事情。因为害怕别人的嘲笑与奚落，他们甚至会主动关闭自己的心灵，不愿意与外人交流，变得自卑、忧伤、孤僻，甚至怀疑别人看不起自己而产生猜忌之心，从而出现人际关系障碍。

其五是出走阶段。当孩子的忧伤、痛苦以及愤怒积累到一定程度，又不知如何排解时，他们会选择离家出走，离开伤心之地。

其六是冷静思索、获得新生阶段。对0～6岁的孩子来说，或许并不具备对离婚之事的正确思考能力，但是在正确的教育和引导下，他们会用正确的方式接受父母离婚的事实，从而过上新的生活。

当然，以上六个阶段并非每个孩子都会完全按照这一顺序出现，在每个孩子身上体现的时间长短、出现的顺序都会有所不同，有的孩子会同时经历几个阶段，也有可能同一阶段会反复多次出现。

第二章

愤怒是团小火焰：幼小心灵的怒火为何烧不尽

 ## 小测试：你的孩子情绪稳定吗

儿童的心理健康与否，很大程度上取决于其情绪的稳定程度。事实证明，一个人能否取得成功，除了智力因素之外，情绪的稳定性也起着非常重要的作用。你的孩子是属于情绪变化无常的人群，还是属于情绪稳定性较好的人群？通过下面的小测试进行检测，可以更好地了解孩子。

回答下列问题，答案为"是"得1分，答案为"否"不得分。

测试内容

1. 孩子是否常常会因为不顺心的小事生闷气、不说话，甚至大发雷霆？
2. 孩子是否会经常莫名其妙地发脾气，并且还不肯说出理由？
3. 孩子是否会因为某人弄坏了他的东西而迁怒于其他人？
4. 孩子是否会无节制地吃零食，进而影响到正常进食，在该吃饭的时候却不肯好好吃饭？
5. 和同龄人一起玩耍时，孩子是属于受欢迎的一类，还是经常被孤立的一族？
6. 孩子是否经常和小朋友生气、吵架？

7. 每次和小朋友吵架后,孩子是否都会恶狠狠地发誓:"下次再也不和×××一起玩了!"

8. 孩子生气时,是否会在背后诅咒或辱骂对方?

9. 孩子不开心的时候,是否喜欢动手打人,或者用牙齿咬人?

10. 孩子被错怪或被误解的时候是否会情绪非常激动,甚至做出一些过激的行为?

11. 孩子是否经常会莫名其妙地感到头疼、背疼或肚子疼?

12. 孩子是否会不分时间、场合地乱发脾气,比如在朋友家或者在商场里?

13. 要求得不到满足时,孩子是否每次都发脾气,甚至歇斯底里,不达目的不罢休?

14. 没有完成家长或老师交代的任务时,孩子是否会感到很羞愧?

15. 孩子的情绪是否很容易受到周围人的影响,比如别的小朋友激动,他也会跟着一起激动,哪怕什么状况都还没有搞清楚?

16. 一个人待着的时候,孩子是否会觉得手足无措,不知道该做什么?

17. 孩子生气的时候是否会语无伦次、大哭大闹,甚至昏厥?

18. 你和你的爱人是否容易暴怒,无法控制自己的脾气?

19. 你们的家庭氛围是和谐、宽容的,还是对孩子苛求、严格?

20. 孩子是否经常对他身边的人大呼小叫、颐指气使?

答案解析

如果以上问题所得分数相加为0~6分,说明你的孩子情绪稳定程度很高,不容易偏激,通常情况下都能很好地控制自身情绪。

如果得分在8~13分，说明你的孩子比较脆弱，容易受到伤害，情绪也容易产生起伏、波动，但是他们的自我评价比较积极，并能在大人的帮助下及时调节情绪。

如果得分在14~20分，那么说明你的孩子情绪极不稳定，爱发脾气，甚至无理取闹。如果情绪无法得到宣泄，还有可能伤害自己、伤害他人。这类孩子情绪自控能力很差，从而导致自我评价消极，缺乏自信。由于不懂如何控制情绪，他们很容易情绪波动，内心痛苦、纠结。所以对待这类孩子，大人一定要付出更多的耐心和关爱，帮助他们学会疏导不良情绪，掌握科学的情绪自控方法，建立正面情绪。

 ## 愤怒——四种基本情绪之一

"妈妈,哥哥!玩具!"2岁的弟弟用手指着4岁的哥哥烨旻手中的玩具,口齿不清地叫着。妈妈明白弟弟的意思,走过去,从烨旻手中拿过玩具,说:"给弟弟玩一会儿!"

烨旻呆呆地站了几秒后,突然冲上来,用力将玩具从弟弟手中抽走,大声说:"这是我的!"弟弟没站稳,摔倒在地上,大声哭起来。妈妈很生气,赶紧跑过去扶起弟弟,然后用力在烨旻的屁股上打了两下,并说道:"真不懂事!"

烨旻也开始哭起来,并且一哭就停不下来。十几分钟过去了,烨旻还是没有停止哭泣的意思。妈妈无奈地走过去,对烨旻说:"不是和你说过了吗,弟弟比你小,你是哥哥,得让着弟弟。还跟弟弟抢玩具,你这哥哥是怎么当的?"

烨旻对妈妈的话充耳不闻,哭得更厉害了。妈妈心烦意乱,大声训斥道:"不许再哭了!"可是一点儿都不管用,烨旻索性放开嗓子,更大声地哭起来。

"哭!哭!哭!这么爱哭,你哭个够吧!"妈妈转过身,不理烨旻。

烨旻哭了一会儿，突然跑进房间，用力把门关上，房门发出"砰"的一声巨响。妈妈愣了一会儿，心中很纠结：不知是该进房间哄一哄烨旻，还是不理睬他。如果去哄他，怕他今后更不讲道理；如果不理睬他，又有些放心不下。

"这孩子，脾气咋那么大呢？"妈妈无奈地摇摇头。

烨旻哭泣，以及后来用力关房门，都是在表达自己的愤怒情绪。喜怒哀乐是人的四种基本情绪，孩子产生愤怒之情，并且用自己的方式表达愤怒不足为奇，这其实是人的一种本能。

那么孩子为何会愤怒呢？通常来说，最主要的原因是诉求得不到满足，或者权益被侵犯，抑或是目的达不到。相对于其他三种情绪来说，愤怒情绪在孩子身上出现得较早，并且较为频繁。最早体现在生理需求得不到满足而产生的不满、焦躁情绪，随着年龄的逐渐增大，愤怒就会越来越多地出现在心理诉求得不到满足的情况下。大部分孩子都会有反射性的直觉反应，用怒火或攻击性的语言、行为来表示这种不满。

愤怒并不是一种正面情绪，它不但会使孩子产生不愉快的情感体验，还会使我们做父母的产生不快。面对孩子的这种情绪，家长要运用科学的态度和方式来应对，绝不能一味地压制和斥责，更不能以暴制暴。否则，孩子压抑的情绪长期得不到宣泄，等进入青春期后，其叛逆心理和暴力倾向就会更加明显，甚至可能成为具有爆发型性格的人，最终造成不可挽回的后果。

虽然愤怒是人人皆有的一种情绪，但是每个人愤怒时的激动程度以及表达方式各不相同。有的孩子属于胆汁质气质类型，脾气说来就来，就像一座小火山，爆发时不管不顾，不管大人怎么说、怎么劝都没用；而有的孩子属于黏液质气质类型，平和安静、善于忍让，即便心中不快，在大人

的安抚下也能很快平复；有的孩子愤怒之火一旦被点燃，就一定要当场发作；而有的孩子却会在事后迁怒到其他人或者事物身上……但无论如何，愤怒都是一种不好的情绪，它具有报复性和破坏性，不但会伤及自身的身心健康，也会对他人造成不良影响。所以要教育并引导孩子用正确的方式对待愤怒的情绪，学会表达愤怒、宣泄愤怒，但是又不至于失控，这是每一位家长都应该承担起的教育责任。

 **愤怒情绪爆发前的"暗涌"**

"丞丞,你哪里不舒服吗?"

妈妈回到家,发现丞丞一个人坐在沙发上,也没看电视,感到有些奇怪。丞丞听到妈妈的问话,没回答,只是摇摇头。

妈妈走过去,摸摸丞丞的额头,凉凉的,又摸摸他肚子,问道:"肚子疼不疼?"

丞丞还是摇摇头。妈妈又检查他的胳膊和腿:"有没有哪里受伤?"

"没有!"丞丞不耐烦地拨开妈妈的手。

看见丞丞身体并没有什么异常,妈妈放心了。突然,妈妈看见丞丞两只黑黑的小手,叫起来:"怎么回家又不洗手?跟你说过多少遍了,这样不讲卫生会生病的。赶紧洗手去!"

丞丞朝妈妈翻了翻白眼,没有动。

妈妈用力将丞丞拉进卫生间,打开水龙头,对丞丞说:"快把手洗干净!"

丞丞噘着嘴,洗完手,跑出卫生间。妈妈一看一路上滴下的水珠,又叫起来:"为什么不把手擦干净?跟你讲过多少遍了,总是记不住。"

"烦死了!"丞丞大叫起来,一边哭,一边把沙发上的玩具往地上

扔，电视机遥控器也被他扔到地上，"啪"的一声，电池都摔出来了。

丞丞突然发火，把妈妈吓了一跳。这时，在厨房做饭的奶奶跑了出来，责怪妈妈说："今天丞丞不开心，本来老师让他扮演小王子的，后来却换了人。你就别再惹他了。"

妈妈懊恼地说："他自己不说，我怎么会知道呢！"

丞丞心情不好，妈妈的责怪和唠叨就成了引发丞丞怒火的"导火索"。妈妈说自己不知道丞丞心情不佳，是因为丞丞自己没有说，其实对于孩子而言，他们的喜怒哀乐都会直白地表现在脸部表情和肢体语言中，只要家长稍稍留意，就一定能发现端倪。

孩子暴怒一般需要一个过程，由于怒火是一点点燃烧起来的，最后才会变成熊熊大火；而愤怒的火焰一旦燃烧，要想熄灭，就得费一番功夫了。因此，如果能将孩子的愤怒扼杀在萌芽阶段，不但父母可以省去很多麻烦，对孩子的身心健康也大有益处。因此，作为家长，我们要学会识别孩子愤怒情绪爆发前的征兆，并果断地采取行动，及时将孩子的怒火浇灭。

那么，孩子在发火前有哪些征兆呢？

心中不快，脸上的表情自然也好不到哪里去。当你发现孩子眉头紧锁，小嘴噘得高高的，甚至咬牙切齿，一副苦大仇深的模样，就表明愤怒的"火山"马上就要爆发了。如果原本爱说爱笑的孩子突然沉默，一个人待在角落里，或者将自己关进房间，就说明一定发生了令他感到生气或者不快的事情，这时候，假如父母能够及时了解并疏导，就有可能将孩子愤怒的火苗熄灭。

当孩子心里不痛快的时候，就会对平时感兴趣的事物失去兴趣。假如孩子不愿意玩游戏，或者在玩游戏的过程中心不在焉，就可以判断他的心情一定不好。孩子生气发怒之前，也会主动通过外物来缓解自己的愤怒，比如扔玩具、踢门或者乱抛食物等。因此，家长不要不分青红皂白地责怪孩子，而应该轻言细语地问问孩子，搞清事情的原委比单纯地制止他们的不好行为重要得多。

俗话说："山雨欲来风满楼。"虽然我们只有几分钟，甚至几秒钟的时间来发现孩子情绪爆发前的"暗涌"，但是假如发现及时并处理得当，就不会让孩子的怒火燃烧成熊熊大火，从而避免伤及自己的身心和累及他人。平时多留意、多总结，积累一定的经验之后，处理起来就会驾轻就熟了。

儿童如何表达生气情绪

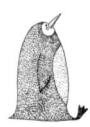

"爸爸!"放学后,桐桐一看见爸爸,就兴奋地扑进爸爸的怀抱,急切地问,"我的奥特曼呢?"

"啊?我忘记了!"爸爸一拍脑袋,这才想起来:早上送桐桐上学时,答应下午接他的时候把奥特曼带到幼儿园的。可是下午开了那么长时间的会,眼看接送时间到了,他就急急忙忙去接孩子,把这事儿给忘到九霄云外了。

"你怎么会忘记?"桐桐急得跳起来,用力地推爸爸,"你给我回去拿!"

"等爸爸拿回来,小朋友们都回家了。"爸爸说。

"我不管!你不拿来,我今天就不走!"桐桐一边说,一边蹲下身子,赖在地上不肯走。爸爸有些生气了,把他拉起来:"回家!"

"我不回家!你是大骗子!说话不算话!大骗子!"桐桐一边高声尖叫,一边用力挣扎。爸爸一把将桐桐抱起来,直接放进车子:"回家!"

"坏爸爸!我讨厌你!"桐桐依旧拳打脚踢,试图挣脱爸爸的束缚,甚至想打开车门跳下车。可是儿童锁被爸爸锁上了,桐桐用力地踢着车门却无济于事,便开始大哭起来。爸爸不理他,桐桐突然扑上前,在爸爸的胳膊上狠狠地咬了一口。爸爸的方向盘一抖,差点撞到行人。爸爸终于忍不住了，大吼一声："再闹，再闹就把你扔下去，不要你了！"

桐桐被吓住了，终于安静下来，可是一路哭到家。

孩子在愤怒时的情绪表达有多种：

其一，语言攻击。孩子在愤怒的时候，最直接的反应就是大声吼叫，将不满和愤懑通过吼叫的形式传达给他人。在吼叫的同时，还常常带有辱骂的语言，比如"大坏蛋""大笨蛋"等，有时甚至还会加上在大人那里学来的粗话。虽然他们通常并不清楚粗话所代表的意义，但这能发泄自己的情绪，引起大人的不快，他们就会认为目的达到了。

其二，行为攻击。假如语言攻击还无法缓解他们的愤怒之情，就会上升到行为攻击的层面。拳打脚踢、撕扯咬人等，他们通过这种暴力且带有报复性的行动来表示自己的强烈不满和无法抑制的激动情绪。当然，这种攻击性行为的对象有时并不一定是人，如果对方比他强大，或者令他敬畏，孩子就会将愤怒转移到其他事物上，比如家具、玩具等，通过摔打、破坏等方式来表达愤怒，甚至有些极端的孩子会虐待小动物、欺负比他弱小的孩子等。

其三，打滚耍赖。在地上打滚也是孩子喜欢采取的一种表达愤怒的方式，当然伴随这种方式的往往还有哭闹。无论是放声大哭还是抽泣，都是孩子表示愤怒的方式之一。有的孩子哭一阵子就算了，可有的孩子一旦哭起来就没完没了，这也是令家长头疼的行为之一。

其四，冷暴力。随着年龄的增长，孩子表达愤怒的方式也更加有"技术水平"了。比如有的孩子会将自己关在房间里，或者长时间不和对方说话，甚至当时隐忍，事后借机报复。当然，这种行为通常发生在3岁以上的孩子身上，年龄小的幼儿则更多地采取直接爆发的方式。

 家中有个"猛张飞",怎么办

某天傍晚,妈妈带8岁的斌斌到小区楼下玩,斌斌看见假山,就丢下了自己的儿童自行车,去爬假山。正好这时走过来一个三四岁的小男孩,很喜欢斌斌的自行车,就骑了上去。斌斌一回头,看见小男孩在骑他的车,立刻就从假山上冲下来,一把拉住车头,用手去推小男孩:"下来!这是我的车子!"

"我想玩……"小男孩紧紧地抓住车把手,斌斌用力地将小男孩推倒在地,小男孩大声哭了起来。

由于这一切发生得太快,小男孩的妈妈和斌斌妈妈都没反应得过来。当妈妈赶到时,小男孩的妈妈已经扶起了自己的孩子,轻声安慰着。妈妈又生气又尴尬,连声道歉,又训斥斌斌:"你是哥哥,怎么能欺负小弟弟?快道歉!"

"他抢我的自行车!"斌斌不服气地大声说。

"胡说八道,弟弟不过是想玩一下而已!你真是个小气鬼!"

听了妈妈的话,小男孩也叫着说:"小气鬼!小气鬼!"

斌斌更加愤怒了,挥舞着拳头冲过去:"你再胡说八道,我就揍你!"

"我看你这孩子真是欠揍了!"妈妈气坏了,用力在斌斌身上打了几下,斌斌发出惊天动地的哭声。小男孩的妈妈有点过意不去,劝斌斌妈妈说:"小孩子们在一起玩,争吵打闹是常有的事,别再责怪孩子了。"

脾气暴躁的斌斌就像一个小小"猛张飞",令家长头疼。如果得不到正确的教育和指引,斌斌暴躁的脾气对他今后的人生和事业都会产生不良影响。一个蛮不讲理、暴躁蛮横的人,其人际关系必定是糟糕的,而不良的人际关系,对孩子今后的学习、事业、婚姻都会产生影响。严重的话,甚至会因为一时冲动,伤人致命,走上犯罪的道路。那么,该怎样帮助孩子改掉暴躁冲动的坏毛病呢?

首先,家庭环境和父母的教养方式是很重要的。斌斌喜欢用武力解决问题,很可能是受到一些不良影视的影响,或者是因为家里有脾气暴躁者,解决问题的方式简单粗暴,因此孩子耳濡目染,也就学会了这样的行为方式。所以,要想孩子性情平和,首先要给孩子创造一个平和的成长环境,远离充满暴力的影视作品,同时父母也要平和心态,尽量不发脾气或者少发脾气,给孩子树立一个良好的榜样。

其次,给孩子更多的理解而不是指责。孩子的愤怒越来越烈,很多时候是因为得不到大人的理解。比如上文的斌斌,如果妈妈能换一种方式与孩子沟通,或许会得到不同的反应。不要一开口就指责孩子愤怒,而是要对他的愤怒表现出同理心,妈妈可以这样对斌斌说:"弟弟没有经过你的允许,骑了你的自行车,所以你很生气,对不对?"得到了大人的理解,孩子的怒火就不会越烧越猛。然后妈妈可以建议:"弟弟这样做当然是不对的,但你是大哥哥,可以给弟弟做一个榜样。你可以主动问弟弟:'你是不是想骑我的自行车?'如果弟弟说'是',你就把自行车借给他玩一会儿。大家就会说:'这个大哥哥多大方呀!多懂事啊!'"相信听了这样的话,孩子再也没有发火的理由了。

 ## "小皇帝"又发脾气了

"吃饭啦!"

奶奶把饭菜摆在桌上,大家团团坐下,西西看看桌上的菜,突然发现有自己最爱吃的狮子头,开心地大叫起来:"我要吃狮子头!"西西一边叫,一边用手去抓盘子,想把这道菜摆到自己面前。

"西西,别那么没礼貌!今天还有客人在呢!"妈妈制止了他。

"我不管!我不管!我就要吃狮子头!"西西一边踢桌脚,一边大叫。

客人在一旁劝说:"没事,孩子喜欢吃就让他吃!"妈妈试图用道理说服西西:"好东西要大家分享,对不对?"可西西根本不听,一边叫,一边用手去拖盘子。妈妈用手摁住盘子,西西小脸憋得通红,接着用力一拽,盘子打翻了,狮子头滚了一桌子,有的还滚到了地上,汤水洒得到处都是。

"这孩子,太不像话了!今天非教训教训他!"爸爸生气地说。没等爸爸手抬起来,西西就发出惊天动地的嚎叫声:"奶奶救命!爷爷救命!妈妈救命!……"

奶奶赶紧将西西搂在怀里,抱回房间。爸爸无奈地说:"都是被你们宠坏了!都宠成'小皇帝'了!"

　　"脾气暴躁""动不动就发火"是很多独生子女的通病，除去先天气质上的差异，父母以及其他长辈的过分溺爱是主要原因。

　　孩子的独占性在两岁左右就显现出来了，这是每个人成长中必须要经历的一个过程。在这一时期，孩子的自我意识开始形成，他们开始喜欢用"这是我的"来宣告对事物的所有权，并且用此来区分和"你的""他的"的不同。儿童心理学家将这一时期称为"自我意识的敏感期"，而在这一时期，孩子几乎将所有的激情和精力都用在自我意识的构建上。只有顺利、健康地度过这一敏感期，孩子才能形成自我，最后走出自我，拥有健康、独立的人格。所以作为父母，必须尊重孩子表达自我的意愿和方式，帮助孩子顺利地完成自我意识的构建。

　　首先，家长要正视孩子的错误行为。在这一阶段中，假如家长对孩子的某些错误做法置之不管，就很有可能会导致孩子形成自私、狭隘、唯我独尊的错误思想。

其次,不能过度溺爱孩子。父母无条件地满足孩子,容易使孩子养成衣来伸手,饭来张口的坏习惯,进而提出更多不合理的要求,这会让孩子失去规矩,从而形成严重的自我中心意识。

最后,不能无原则地迁就孩子。遇到原则性问题,家长不可因为孩子哭闹就选择迁就他,这只会导致孩子越发蛮横,这也是很多"小皇帝""小公主"稍有不如意就大哭大闹、乱发脾气的原因。

因此,要想让"小皇帝""小公主"改变暴躁蛮横的性格,关键在于大人要改变对孩子的教养方式。爱孩子没有错,但绝不能过分宠溺,也不要无原则地迁就。道德和品格上的原则一定要坚守,否则就会助长孩子为所欲为的气焰。

 **缺爱的孩子脾气大**

"乔老师,王家瑞又打人了!"

小朋友跑过来告状,乔老师眉头紧皱,叫来王家瑞,问:"开学两周,你已经是第十一次动手打人了,说说为什么?"

"我要看那本书,他不肯!"王家瑞满不在乎地说。

"那你可以好好说,为什么要打人呢?还有,你不是说马彦是你最好的朋友吗?"乔老师有些奇怪,"这就是你对待好朋友的方式吗?"

"打是亲,骂是爱!"王家瑞振振有词地说。

乔老师哭笑不得:"你这是听谁说的?"

"我爸爸说的!"

"你爸爸经常骂你吗?"

"对!他骂我'小兔崽子'。"

"但是马彦被你打哭了,以后不愿意跟你做好朋友了,怎么办?"

王家瑞的小脸上显出不耐烦的神情,他咬了咬嘴唇说:"那我就再打他!谁让他不理我!"

"武力不能解决一切问题,如果你再动手打人,小朋友们都会不喜欢

你，不愿意跟你交朋友，老师也会不喜欢你了。"乔老师试图让王家瑞明白"打人是不对的"这个道理，"难道你会喜欢和一个经常打你的人做好朋友吗？"

"那我怎么办？"王家瑞焦躁地说，脸上露出迷茫的表情。

王家瑞喜欢动手打人是有"家庭渊源"的，因为他的爸爸给他做了一个坏榜样，在大人的"熏陶"下，孩子也学会了用简单粗暴的方式解决问题——一言不合就动手。同时也说明，王家瑞的成长环境是一个缺乏爱的家庭，而在缺乏爱的环境中长大的孩子，大多脾气暴躁、喜欢动手。因此，该怎样做才能使孩子远离坏脾气呢？

首先，家长要让孩子在和谐温馨的家庭环境中长大。大人之间要和睦友爱，尤其是夫妻双方，遇到问题切忌通过暴力的手段解决。因为在暴力的家庭中生活，孩子也会像父母一样，遇到事情首先选择用暴力解决。

其次，教会孩子正确表达爱。在孩子成长的过程中，他是特别渴望关爱和安全感的，但是很多时候不知道怎样表达自己的感情，于是即便是在表示喜欢时，他也会采取错误的方式，就如王家瑞所说的"打是亲，骂是爱"。研究显示，缺乏关爱的孩子，与人交流沟通的能力也比较弱。比如：明明想向小朋友示好，却采用打人的方法；明明想表达喜悦之情，却采用高声尖叫的方式；明明想对大人表示亲昵，却使用了咬人的方式……研究同时也指出：具有攻击性的孩子，其实内心并不一定强大，个性也并不强悍，他们只是用攻击性行为来掩饰和保护自己。这样的孩子，往往内心更加脆弱，情绪也更容易产生波动，因此就会变得敏感、易怒、暴躁、焦虑。

因此，要想让孩子远离坏脾气，首先要营造一个和谐的家庭环境，其次要给他更多的关爱，并教会他正确表达爱。让孩子在平和、充满爱和阳光的环境中长大，这样孩子的情绪才能平和、稳定。

 ## 孩子不讲道理,多是情绪暴怒引起的

"妈妈,我饿了,晚饭做好没有?"

一放学,6岁的琳茜就跑进厨房,大声问,但她一不小心将洗菜盆打翻了,妈妈刚洗好的蔬菜掉了一地。

"叫你别进厨房,说了多少次了,你都不听!"妈妈没好气地说,"这才几点啊?难道在幼儿园没吃饭吗?"

"幼儿园的饭不好吃!"琳茜大声回答,然后跑出了厨房。

过了一会儿,妈妈听见琳茜没动静,结果发现琳茜正在吃薯片。妈妈大吃一惊,问:"哪里来的薯片?"

"上次奶奶来的时候买的。"

"不是和你说过吗?薯片是垃圾食品,不许吃!"妈妈走过去,把薯片拿走,嘴里嘀咕着,"孩子不懂事,大人也不懂事,净给孩子买垃圾食品。"

"不许你说奶奶坏话!"琳茜大叫。妈妈把饼干递给她:"饿的话就吃点饼干。"

"我不要吃饼干!"琳茜一把将饼干打翻。妈妈生气地说:"不吃就饿着!晚饭前什么都不许吃!"说完,走进厨房继续做饭。

客厅里电视机的声音太大,妈妈实在受不了,走到客厅,对琳茜说:"把电视机声音关小点!"

"我不!我就不!"琳茜一边叫,一边在沙发上蹦跳。

妈妈走过去,试图把琳茜拉下来,琳茜一脚踢在妈妈肚子上。妈妈生气了,强行将琳茜抱下来:"乖乖地坐着看电视。"

"坏妈妈!你是世界上最坏、最坏的妈妈!我恨你!你是个大巫婆!"琳茜一边哭,一边大声叫着。正好爸爸开门进来,惊讶地问:"世界大战吗?"

"这孩子,越来越不讲道理了!"妈妈又生气又伤心。

当孩子大哭大闹,和大人作对的时候,我们总习惯性地指责孩子不讲道理、胡搅蛮缠,却很少去探究孩子行为背后的原因。事实证明,孩子的身心发展有其特点,不讲道理,多半是情绪暴怒所引起的。

孩子在身体不适时,脾气容易变坏。琳茜肚子饿了,没有得到妈妈的理解,反而受到斥责,于是便做出了一系列和妈妈作对的行为。在妈妈看来,这是极其不讲道理的行为;但对于孩子来说,她只是通过这些方式来表达自己的不满和不愉快。大人在盛怒之下,尚且听不进任何道理,何况年幼的孩子?因此,妈妈试图通过讲道理让琳茜安静下来,结果只能是适得其反。

其实,很早就有专家指出:不要指望6岁之前的孩子能明白你所讲的道理。讲道理是大人世界最常用的沟通方式,因为它最快捷、最有效;但是对于3岁之前的孩子来说,讲道理几乎起不到任何作用,6岁之前,孩子对于大人的说教也基本是似懂非懂的。在0~6岁这一年龄段,决定孩子心理和行为的主要因素是情感,并非理智,因此,在孩子愤怒的时候,试图与他们讲道理是行不通的。那是不是就任由孩子乱发脾气、蛮横无理呢?当然不是。只不过我们可以改变方式方法,避免简单的斥责和强迫孩子接受大道理。

  首先，要在情感上给予理解，让孩子明白父母了解并同情他们的感受，这是安抚孩子激烈情绪的好方法。

  其次，可以通过转移注意力的方法让孩子忘记不愉快的事。事实证明，这一种方法比讲道理更加快捷、有效。事后，我们还可以通过其他方式让孩子明白乱发脾气和蛮不讲理是不对的，比如通过读绘本、讲故事、做游戏等方式，这些都比直白地给孩子讲道理更加容易让孩子接受。故事和游戏中所包含的道理，即便无法在当时就产生效果，潜移默化之中也会对孩子日后的行为产生正向影响。

  再次，宠爱有度，赏罚分明。当孩子想通过蛮横无理的行为达到他的目的时，家长要正面制止，对孩子进行批评，必要时还可以通过一些惩罚措施来教育他。但当孩子有进步时也要及时表扬，从而强化孩子的正面行为。

  最后，营造一个平等的环境。家长应主动与孩子进行沟通，让他知道哪些行为是自私的、蛮横的、不利于平等交往的。同时，家长也要以身作则，为孩子创造一个平等的成长环境。

 生气可以发泄,但别让孩子偏激

　　星期天,爸爸妈妈要带陶乐走亲戚,出门前让陶乐换上新衣服,可陶乐非要穿着睡衣出门。妈妈耐心地对他说:"睡衣是睡觉的时候穿的,出门要换衣服,否则别人会笑话的。"

　　"我不要!"陶乐固执地摇头。

　　"这么漂亮的新衣服你要是不穿,妈妈就送人了啊!"

　　可陶乐根本不受"威胁",还是一个劲地摇头:"我不要新衣服,我就要穿睡衣。"

　　爸爸生气了:"不换衣服就别出去了!"

　　陶乐突然发怒了,他生气地把新衣服扔在地上,大声叫道:"你们都是坏人!我讨厌你们!"

　　爸爸将陶乐一把抱起,关进房间:"乱发脾气的孩子不是好孩子,坐在这里想一想,五分钟之后才可以出来。"

　　五分钟后,陶乐并没有出来。妈妈推开房门,发现陶乐抱着一只毛绒玩具,他正使劲地抠着毛绒玩具的眼睛和鼻子,一边抠,一边念念有词:"坏蛋!坏蛋!"妈妈拿起毛绒玩具,发现上面还有很深的牙印,很显然是陶乐咬的。

"这孩子是不是有心理问题？怎么会这么暴力？"妈妈问爸爸，爸爸也觉得有些棘手，不知道该怎么办。

愤怒是一种常见的情绪，孩子情绪容易波动，遇到不开心的事就很容易愤怒。当然，愤怒是一种负面情绪，不但会令别人感到不舒服，也会对孩子的身心产生不好的影响。因此我们不能任由孩子生气、愤怒，而是要教会他们学会控制脾气、调节情绪。但调控并非一味地压制，而是要教会孩子合理地发泄情绪，让他们舒缓愤怒情绪。

首先，家长要引导孩子采取正确的方法来发泄愤怒。由于年纪尚小，孩子常常会采取不正确的方法来释放愤怒，作为家长不能坐视不理，因为这不但会伤及他人，还会伤及孩子自身。比如，有的孩子生气时喜欢咬人，父母除了告诉他这样会引起别人疼痛和不快之外，还可以在孩子的身上咬一下，不要太重也不能太轻，让孩子体会被咬是不舒服的，从而使孩子明白用咬人来发泄怒气是不对的。

其次，处理孩子暴怒的情绪时，家长不能太过严厉或专制，否则，孩子觉得无力反抗，就会到外面欺负比自己弱小的孩子或虐待动物以寻求心理平衡。有的孩子甚至会拿自己的身体出气，出现自虐的行为。长期如此，孩子的心理就会扭曲，性格也会更加偏激。

因此，我们要尊重孩子愤怒的权利，理解他们心中的感受，然后在此基础上，引导孩子学会用正确的方式来释放情绪、平息愤怒。同时，对于孩子表达愤怒的方式和引起孩子愤怒的原因，作为家长更应该关注后者。帮助孩子梳理思路、解决问题、安定情绪要比担心孩子不恰当的表达方式重要得多。只要孩子情绪稳定了、事情得到了恰当的解决，孩子今后乱发脾气、用不当方式发泄的情况就会慢慢减少。

 家长越让步,孩子就越不满足、越愤怒

妈妈带睿睿逛商场,睿睿看见玩具就走不动了。

"妈妈,我要买奥特曼!""妈妈,我喜欢恐龙!""妈妈,给我买一个毛绒玩具,我要抱着它睡觉!"……

一开始,妈妈给睿睿买了两个玩具,可睿睿看见什么都想要,妈妈就试图跟他讲道理:"家里的玩具太多了,再买的话就放不下了。"

"家里的玩具都旧了,扔掉!"睿睿毫不在意地说。

"那多浪费呀!"

可在睿睿的心里,根本没有"浪费"的概念,于是他固执地说:"我不管,我要买新玩具!"

妈妈打算不理他,可睿睿使出了"撒手锏"——一边躺在地上打滚,一边放声大哭。周围的人纷纷侧目,妈妈觉得很难堪,赶紧掏出钱买了玩具,带睿睿走开。

到了楼下,睿睿看到淘气城堡,一定要进去玩。妈妈看看手表,说:"太晚了,要回去吃晚饭了。"

"我不!我要玩淘气城堡!"睿睿一边用力跺脚,一边尖叫,"小气鬼!小气鬼!"妈妈怕别人再投来异样的眼光,没办法,只能让睿睿玩一会儿。

睿睿玩够了,满头大汗地跑出来之后,就嚷嚷着要吃冰激凌。妈妈坚决不答应,因为睿睿肠胃一直不太好,吃生冷的东西容易拉肚子。可不管妈妈怎么说,睿睿就是不同意,一定要妈妈买冰激凌。为了迫使妈妈就范,他又开始哭闹、打滚、高声尖叫,最后小脸通红,竟然背过气去。妈妈吓坏了,赶紧掐睿睿的人中,将他弄醒。睿睿醒来后,又开始哭闹,妈妈怕孩子再出问题,只得投降,买了冰激凌。

睿睿妈妈的尴尬和窘境,想必很多家长都遇到过。在无奈的同时,家长们也深感疑惑:"为什么孩子的脾气越来越大?"通常,孩子脾气大,是因为生理或心理上的需求得不到满足。然而父母一味地迁就和让步,并

不能使孩子满意，相反，当发现父母没有底线后，孩子就会变本加厉、得寸进尺，提出更加无理的要求。一旦这些要求得不到满足，孩子就会感到愤怒，用哭闹、打滚、打人等方式表示抗议。那么该如何解决这一问题呢？

首先，严格来说，孩子的任性与蛮横其实是大人造成的。我们知道，孩子的某一个欲望或意愿得不到满足时，会用哭泣来表达心中的不满及悲伤情绪，这是自然的生理现象。但是家长不要孩子一哭就立刻妥协，因为这样的情况只要发生过一次，孩子就会牢牢记住并熟练运用，因为他知道哭闹可以达到自己的目的。因此，家长不要在孩子的眼泪面前让步，以免这种情况愈演愈烈。

其次，对孩子的无理要求家长要善于拒绝。法国思想家、教育家卢梭在《爱弥儿》中说过这样一段话："当孩子哭闹着要这样或那样时该怎么办？自从他学会了说话并能以此方式索要物件后，假如他依旧要用哭闹来达成目的，那么无论他是想更快地得到那一物件，还是想以此来要挟别人不敢不给，都应该干脆地加以拒绝。"家长需要注意的是，在拒绝孩子时态度要坚决，方式要温和。只有当孩子遭受过几次挫折后才会明白，有些事情是发脾气和哭闹都没有办法解决的。而当他们明白了这个道理，用无理手段来迫使大人投降的情况自然就会减少，直至消失。

 **延伸阅读：通过调节呼吸，释放孩子的暴躁情绪**

看到孩子生气发怒，很多家长总是急于搞清事情的原委，但其实更科学的办法是先让孩子冷静下来，再提出解决的办法。

科学研究表明，深呼吸对于调节愤怒情绪很有帮助，因为它有利于放慢心律，让身体感觉放松、舒适，从而舒缓心情。同时，深呼吸还能调节面部表情，使原本紧张的肌肉和紧咬的牙关松弛下来。由于孩子的喜怒哀乐都形于色，因此通过放松面部表情，可以帮助孩子舒缓愤怒的情绪。

当你的孩子生气、暴躁的时候，家长可以尝试让孩子深呼吸，用调节呼吸的方式来调节愤怒的情绪：闭上眼睛，放松身体，用鼻子深深吸气，然后屏住呼吸几秒钟，再慢慢将体内的浊气从鼻孔中呼出。如此反复，直到孩子平复下来。

当然，锻炼孩子用呼吸调节情绪的能力不可用强迫的手段，尤其是对于年幼的孩子，可以通过做游戏的方式来完成。比如用力按压抱枕，或者和孩子比试谁能屏住呼吸更长时间等。

第三章

悲伤抽泣为哪般：破译"宝宝心里苦"的心灵密码

 ## 小测试：你的孩子是正性情绪，还是负性情绪

人的情绪可分为正性情绪和负性情绪两大类，能对人的身心产生积极、健康影响的情绪是正性情绪，也称为正面情绪，如乐观、积极、自信、平和等；而让人消极、压抑的情绪则是负性情绪，也称为负面情绪，如愤怒、恐惧、悲伤、焦虑等。你的孩子主要被哪一种情绪主导呢？通过以下测试可以做出初步的判断。

回答下列问题，答案为"是"则得1分，答案为"否"则不得分。

测试内容

1. 孩子最近是否经常无缘无故地闷闷不乐，喜欢一个人待在房间里？
2. 孩子是否容易生气、发怒，并且不解释理由？
3. 孩子是否在某段时间内对什么都不感兴趣，提不起兴致？
4. 孩子是否容易走神，做事不专心？
5. 孩子是否时常对别人表露出敌意？
6. 孩子是否愿意与同龄人交往？
7. 当小朋友一起玩时，孩子是否更愿意做一个旁观者，而不是参与者？

8. 孩子放学回家后，是否经常和父母谈论学校里发生的趣事？

9. 孩子是否害怕去学校？

10. 孩子在学校里的好朋友是否不多？

11. 孩子是否经常流露出不喜欢学校或老师的情绪？

12. 孩子睡眠质量是否不高？是否经常做噩梦或从梦中惊醒？

13. 孩子是否会莫名其妙地流泪、哭泣？

14. 孩子是否会因为一件小事而长久地陷入悲伤之中无法自拔？

15. 有客人来访，孩子是否不够热情和开心？

16. 孩子是否会经常感到莫名的恐惧？

17. 孩子是否对自己不够自信，认为自己做不好某事或完不成任务而抑郁担心？

18. 在人多的地方，孩子是否非常害羞，不肯说话？

19. 孩子是否一遇到挫折就会退缩，意志力不够坚定？

20. 孩子是否看上去没有活力、精神不振？

答案解析

以上问题的得分加起来，如果为0～6分，说明孩子最近心情不错，情绪稳定，并且充满了积极向上的力量。

如果得分在7～13分，说明你的孩子最近情绪不是很高涨，甚至有些低落。家长可以和孩子谈谈心，找出孩子情绪消沉的原因，帮助孩子消除不利因素，让他们重新开心起来。

如果得分在14～20分，则说明孩子目前情绪非常消极，心情非常糟糕。作为家长，在努力找出原因的同时，要给孩子足够的关心和爱护，要让孩子感受到来自父母的温暖，打开心扉，重建积极向上的情绪。

 ## 悲伤，是一种正常的情绪反应

　　一个摄影家参加了一次摄影大赛，他决心拍摄一组震撼人心的作品，于是扛着照相机，带着一堆棒棒糖来到孤儿院。

　　摄影师让孤儿院的老师打来热水，给孩子们洗澡。在热气腾腾的水中，孩子们尽情地嬉戏、欢笑，开心得像一群小鹿。然后摄影师将棒棒糖分给孩子们，孩子们一边玩耍一边吃着棒棒糖，更加欢乐了。

　　突然，摄影师将孩子们手中的棒棒糖夺下，扔进垃圾桶。孩子们被这突如其来的举动惊呆了，接着一个孩子开始哭泣，后来越来越多的孩子开始哭泣，最后所有的孩子哭成一团。摄影师却大为兴奋，将镜头对准孩子，一个劲地按快门。

　　照片印出来了，摄影师非常满意，孩子们不加掩饰的悲伤令照片看起来无比真实。他将照片取名为《孤儿院的悲情》，然后寄给了大赛组委会。

　　果然，照片获得了第一名。

　　领奖当天，摄影师意气风发地登上领奖台，在热烈的掌声中接过主持人手中的奖杯。突然，主持人像是接到了什么紧急命令，赶忙说："不好意思，刚刚接到上级通知，这次大赛的一等奖取消。"

全场哗然,摄影师的心脏如同被铁锤重重地敲击了一下,几乎透不过气来。在追问原因无果后,他跌跌撞撞地走下台,回到家中,将自己关在房间里整整两天两夜。

第三天,摄影师收到一个快递,里面夹着一等奖的获奖证书和一封信。信的大致内容是,就作品本身而言是非常出色的,但当孤儿院院长找到组委会说明照片的由来后,他们决定也开一个同样的"玩笑",让摄影师感受一下孩子们被夺走棒棒糖时那种悲伤、绝望和痛苦的情绪。

摄影师闭上眼睛,潸然泪下。

摄影师通过捉弄,捕捉到了孩子们最真实的悲伤与痛苦,但是直到自己也被捉弄,他才明白这种悲伤与痛苦对人心灵的打击有多大。大人总认为孩子是无忧无虑的,是最开心的,即使有什么不开心或不高兴的事,也很快就会过去,转眼就能忘记。事实上,孩子的心里不只有快乐,也同样有悲伤与痛苦。在他们的世界中,悲伤或许只是一根被人夺走的棒棒糖,但它给孩子带来的伤痛,和成人世界中错失一等奖和一万元奖金一样沉重。

所以,不要忽视或轻视孩子悲伤的情绪。即便孩子的悲伤在大人看来是那样微不足道,也请付出你的同情与关爱。大人要告诉孩子,你能体会他的感受,理解他的心情,并给予他温暖的怀抱与耐心的陪伴。这实际上是给孩子一个释放悲伤的出口,当孩子找到这个出口,他内心的悲伤和痛苦也就减轻了一半。

和愤怒一样,悲伤也是人类一种正常的情绪反应。或许,因为我们见惯了孩子的眼泪,所以对于孩子的悲伤我们常常视而不见、掉以轻心,即便孩子大哭,我们也会想:"一会儿就过去了。"但事实上,孩子缺乏自我调控能力,假如悲伤情绪一直压在心头,不仅会影响孩子的身心健康,还会对孩子性格的养成产生不良影响，可能导致孩子怯懦、自闭、抑郁等。所以，作为父母，不仅要重视孩子悲伤的情绪，还要帮助孩子掌握正确的自我调控方法，带孩子走出悲伤，使孩子重新变得开朗、快乐。

 ## 大哭,是儿童悲伤情绪的发泄口

明轩6岁了,上幼儿园大班,可是依然特别爱哭:腿上摔出一个小口子,哭;和小朋友起争执,哭;被老师或爸爸妈妈说了几句,哭;有时甚至给他盛的饭多了一点,吃不完,也哭……并且哭起来还没完没了,让人感觉好像受了天大的委屈一样。

"真不像个男子汉!"爸爸每次都说,"男儿有泪不轻弹。天天哭,就像个小姑娘似的!"被明轩哭得心烦意乱的爸爸有时候会训斥明轩,可是除了使他流出更多的眼泪之外,根本没有什么效果。

妈妈当然不会像爸爸这么简单粗暴,她会给明轩讲道理、读故事,比如《勇敢的小刺猬》《英雄舒拉的故事》《胆小的花母鸡》等,有正面的例子,也有反面的故事,希望明轩能够变得勇敢坚强一些,不要动不动就掉眼泪。可是依然收效甚微。明轩听故事的时候听得津津有味,可哭起来还是不管不顾、无休无止。

"这孩子,这么喜欢哭,今后该怎么办呢?"妈妈忧虑地想着,不禁为明轩的未来感到担忧。

孩子爱哭，是一件令父母头疼的事情，尤其是当孩子没完没了地哭泣时，更会令父母心烦意乱。有些脾气急躁的家长，会像明轩的爸爸一样，大声斥责孩子；有些家长会用哄骗的方法，试图让孩子安静下来；也有些家长会像明轩的妈妈一样，想用讲道理的方式让孩子不再哭泣。但结果发现，这些方法均不太奏效，有时甚至会让孩子哭得更加厉害。

儿童教育专家认为，"哭"只是孩子行为的结果，并非原因。孩子哭，原因主要有三种：一是身体不舒服，二是情绪不佳，三是用哭闹来达到某种目的。如果是前两种原因，需要家长的理解与安抚。尤其是年幼的孩子，由于表达能力有限，他们常常习惯用哭泣来"通知"大人自己身体以及心理上的不舒适；如果是第三种情况，家长不必过于在意，否则不但无法改善孩子爱哭闹的毛病，还会让孩子变本加厉，习惯性地把哭当作武器来"要挟"家长。

当孩子因为一点小事而哭泣时，大人常常会不耐烦地说："哭什么哭？哭能解决问题吗？"的确，哭无法解决问题，在大人看来，哭泣似乎毫无用处。但从心理学角度来说，哭泣并非全无益处。当孩子心中充满悲伤、痛苦时，让孩子通过大哭、流泪的方式，将悲痛的情绪发泄出来，反而对孩子的身心健康是一件好事。大人应该也有这样的感受：当心中悲伤难抑时，如果强行将伤痛埋在心里，心情会更加糟糕，情绪会更加低落；而假如放声大哭一场，哭过后身心就会觉得轻松，压力就会减轻，悲伤就能得到释放，情绪也因此能稳定下来。

更有心理学家指出，通常爱哭的人比不爱哭的人心理更健康。因为哭泣是一个发泄口，将内心的不良情绪发泄出来，有助于维持心理的健康与平衡。因此，当孩子大声哭泣时，请不要盲目地制止或指责孩子，而是要搞清楚孩子哭泣的原因，给他一个温暖和宽容的怀抱，接纳他的悲伤，倾听他的痛苦，然后再和他一起寻找解决问题的办法。

 每个悲伤的心灵，都经历过创伤时刻

嘉乐3岁了。从嘉乐第一天上幼儿园开始，老师就反映她太爱哭了。

那天，妈妈到幼儿园接嘉乐，发现孩子的眼睛哭得又红又肿。老师告诉妈妈：早上奶奶将嘉乐送到幼儿园离开后，嘉乐就一直哭，怎么哄也没用。后来稍微平静了一些，但因为一件小事又开始哭，一天哭了好几次。

妈妈担心嘉乐刚上幼儿园，有些不适应，就向老师建议第二天把孩子送去半天，让孩子有个适应期。老师说："你们这么惯孩子，难怪孩子这么娇弱！"

妈妈想想觉得也对，孩子不经历挫折和磨难，怎么能变得独立和坚强呢？于是，她不顾孩子的苦苦哀求，依然坚持每天把嘉乐送到幼儿园，并且头也不回地走了。如果嘉乐提出不上学，妈妈就会生气，会苦口婆心地给孩子讲一些大道理；有时候嘉乐实在折腾得厉害，妈妈就说："你要再这么不听话，妈妈放学就不来接你了！"嘉乐会立刻抱住妈妈的腿，边哭边喊："妈妈，我去上学！我去上学！"妈妈的心里也很难受，但她想：坚决不能投降，否则，孩子就会成为温室里的花朵，经不起一点风吹雨打。

可是问题并没有因此得到解决，嘉乐变得越来越沉默，即便是跟妈妈，也越来越不愿意说话。

这个问题直到一年后爸爸工作调动，嘉乐换了一个幼儿园才得到改善。孩子大了一些，表达能力也增强了，妈妈这才知道，原来上幼儿园的第一天，老师看到嘉乐哭，就训斥了她，并且还经常因为哭的问题让嘉乐站到教室外面去，说是"为了不影响其他小朋友"。如今，新幼儿园的老师温柔和气，嘉乐很喜欢她，也逐渐爱上幼儿园了。嘉乐重新变得活泼、开朗，笑容也慢慢回到了脸上。

曾经有一位作家说过："每一个悲伤的心灵，都经历过创伤时刻。"孩子也不例外。当活泼可爱、开朗阳光的孩子突然变得沉默寡言、闷闷不乐，甚至整日哭泣时，那一定是遇到了什么伤心事。只是由于某些原因，他讲不出或不愿意讲，特别是当大人无法理解他的悲伤时，他就会将悲伤深深地藏在心里。日子久了，伤口就会变成一道深深的疤痕，很难抹平，从而影响孩子的性格乃至一生。

诚然，每一位家长都是爱孩子的，为了磨炼孩子的毅力，会有意识地让孩子吃苦，却因此忽视孩子的悲伤与痛苦。其实，相对于苦难和折磨来说，孩子更需要的是爱和包容，理解和自由。我们不提倡溺爱孩子，但是对孩子幼小心灵的创伤与悲痛也绝不能视而不见、坐视不理。如果孩子的性格出现了问题，那么再多的苦难也不能成为孩子人生的财富，相反可能是孩子一生的悲剧。这绝不是危言耸听，据美国犯罪研究专家调查，很多成人的犯罪缘由，都能够追踪到儿童时期所受的伤害，尤其是心理伤害。

鉴于此，在面对孩子的眼泪与哭泣时，我们要多一些柔软和敏感。这不是要求家长向孩子的眼泪投降，而是要重视孩子眼泪背后受伤的心灵，用爱与呵护抚平孩子的创伤，带领他们走出伤痛，使孩子回归快乐。

第三章

 最爱的东西消失，请允许孩子悲伤

还在上班的妈妈接到儿子路路的电话，电话里路路哭得上气不接下气，吓妈妈了一跳。问清楚缘由后妈妈松了一口气，对路路说："没关系，不就是一只仓鼠吗？妈妈再给你买一只。"

"我不要，我就要我的皮皮！"路路哭着说。

下了班，妈妈特地绕道买了一只小仓鼠拎回家。

"路路，快看妈妈给你买了什么！"

路路红肿着眼睛无精打采地看了一眼，转过头，噘起嘴，眼泪又开始流下来："我不要！这不是我的皮皮！"

"皮皮死了，回不来了。这只仓鼠不是和皮皮一样可爱吗？"

"可我就是要我的皮皮！"路路说着说着，又开始大哭起来，妈妈怎么哄都没用。看着路路泪流满面的小脸，妈妈又心疼又有些生气，伸手去拿装皮皮的仓鼠笼："你这孩子，这么不讲道理？不就是一只仓鼠吗，有什么好哭的？还一直哭，一直哭，根本不像个男子汉！皮皮已经死了！"

"我就是要皮皮！我就是要皮皮！"路路一边哭，一边尖叫起来，双手紧紧地抱着笼子。妈妈真的生气了，用力夺过笼子："皮皮死了，尸体上会有细菌,难道你想生病吗?"妈妈打开门,将死了的皮皮连笼子一起扔到附近的垃圾桶里。

路路哭得更伤心了,妈妈认为这是原则问题,不能向孩子妥协,于是便不理他。到了吃晚饭的时候,路路还在哭,饭也不肯吃。好不容易哄睡着了,半夜里,路路好几次从梦中哭醒,竟然还发起烧来。妈妈又急又气:"为了一只仓鼠,这样吃不下饭,睡不着觉,那么脆弱,以后可怎么办啊?"

我不要,我就要我的皮皮。

孩子幼小的心灵是脆弱而敏感的,哪怕一件衣服、一个玩具的失去也会令他们难过半天,更别说与自己朝夕相伴的宠物、朋友,甚至亲人了。为此而指责孩子是不公平的,甚至是愚蠢的,因为假如孩子因此而受到责骂,原本柔软的心就会变得坚硬,原本善良的本性也有可能变得冷酷无情。所以,当孩子失去最心爱的东西时,请允许他悲伤,让他尽情地哭

泣，只有当悲伤的情绪发泄出来后，孩子的身心才会更加健康。

有的家长为了帮助孩子尽快从失去心爱之物的悲痛中走出来，会采用转移法，就像上文中路路的妈妈一样，用最快的时间重新买了一只小仓鼠。但是，路路一直哭着喊："我只要我的皮皮！"这说明，孩子需要的并不是一个替代品，他们伤心是因为与所失之物之间已经有了感情。当然，转移法或许会对一部分孩子有效，或者说暂时有效，因为当孩子拥有了新的宠物、玩具或衣服时，他们悲伤的情绪会得到一部分转移；但更多的事实证明，转移只是暂时的，孩子心灵所受的创伤并不能完全治愈。况且，如果孩子不能学会从失去某一事物中走出来，不能学会悲伤情绪的自我调控，那么当新的宠物、玩具或衣服失去时，他就会再次陷入悲伤之中。如此反复，对孩子的身心是一种折磨。

此外，并非所有失去的东西，都可以找到替代品，比如家中亲人的去世。如果孩子还没有学会接受事实，没有摆脱悲哀的能力，那么这对他心灵的打击将更加严重。

鉴于此，当孩子失去心爱之物时，不要用任何强制的手段来抑制他的悲伤情绪。从某种程度上讲，压制孩子的悲伤，就是在消灭他爱的能力，就是教他变得冷血无情。要记住，此时此刻，孩子最需要的是有人能理解他的悲伤，分担他的哀痛，听他诉说内心的委屈。而父母，则是化解孩子伤痛的最佳人选。轻轻地抱住孩子，告诉他你理解他的感受，为他轻轻擦拭脸上的泪水，引导他明白悲伤也是人生的一种体验，是正常的情绪，而且人有能力战胜悲伤。只有通过自己的努力从悲伤中走出来，孩子才能真正变得坚强起来。

 父母感情不和,孩子更易悲伤

一群孩子在巷子口玩耍,6岁的明昊坐在门槛上,呆呆地看着他们。

"明昊,走吧,和我们一起玩!"一个小男孩跑过去,拉起明昊的手。明昊垂下头说:"不了,我要回去做作业。"

"你作业不是早就做完了吗?"另一个小女孩奇怪地问。

明昊沉默了一会儿,转过身,一言不发地走进了家门。

回到房间,他拿出纸和笔,开始认认真真地写字。写了很久,门开了,明昊听见响声,飞快地跑出来:"爸爸,你回来了!"他立刻接过爸爸的包,给爸爸拿拖鞋。爸爸环顾了一下四周,问:"你妈妈呢?还没回来?"

明昊不说话,爸爸很生气地大声说:"这个女人,越来越不像话了!疯得连晚饭都不回家做了!"

"你就会指责我,你自己呢?天天在外面花天酒地,几天都不回家,还有脸说我!"

一个尖锐的女声响起,妈妈正好走进家门,听见爸爸的话,毫不客气地反驳。

"我还不是为了这个家!为了给你们更好的生活……"

第三章

"我看你是乐不思蜀吧!"

"你简直是蛮不讲理!"爸爸怒不可遏,转身想离开。妈妈扑上去抓住他的包:"刚回来就想走?没门!今天把话说清楚!"

爸爸用力地推开妈妈,妈妈哭喊着扑上去和爸爸厮打成一团。

明昊害怕地看着这一切,突然转身跑回房间,拿出刚刚写的字,急切地说:"爸爸妈妈,你们别打了。我很乖的,我很听话。今天我一直都在做作业,没有去跟小朋友们玩。以后我会更听话,你们别打架,好不好?"

"要不是为了你,我早就跟这个疯女人离婚了!"爸爸大声吼道。

"你要是敢离婚,我和明昊就死给你看!"妈妈尖叫着回答。

明昊脸色变得苍白起来,紧紧地咬着嘴唇,一动不动地倚在门上,默默地流下了眼泪。

夫妻感情不和,最受伤的是孩子。吵吵闹闹中,夫妻双方脱口而出的话不仅伤害了彼此之间的感情,也伤害了孩子。并且,在这样的家庭中长大的孩子,情绪不稳定,没有安全感,常常会陷入焦虑与悲伤中无法自拔。

很多调查显示,当父母感情不和时,孩子会表现得特别乖巧和懂事,而这种乖巧和懂事不仅令人心疼,更令人心痛。童真的年龄,本是不懂任何伪装的,而孩子刻意地讨好大人,只是为了换取家庭的安宁、父母的和谐。孩子乖巧的背后掩饰的是悲伤与痛苦,懂事的深处隐藏的是恐惧和绝望。尤其是当夫妻吵架,言语间提到孩子或用孩子作为武器相互攻击或要挟时,不明就里的孩子会认为自己是造成父母不和的"罪魁祸首",从而产生负罪感,加重自身的心理负担。在沉重的心理压力和惴惴不安中成长的孩子,不仅情绪不稳定,性格和心理也很容易产生问题。

因此,既然组建了一个家庭,就要担负起家庭的责任,学习夫妻相处之道，共担风雨，尽量给孩子一个和睦的家庭。即使夫妻感情不和，无法继续生活，也不要将孩子作为武器来相互伤害。要知道，弱势的孩子才是最受伤的那一个。一些理智的夫妻会尝试给孩子讲道理，希望孩子能接受父母分开的事实，但要知道，对于年幼的孩子来说，理解并接受这些道理有些困难。不如多给孩子一些拥抱和安抚，让他明白是父母之间出现了问题，但这并不影响父母对他的爱。这样的话，即便父母离婚，也能将对孩子的伤害降到最低。

假如某些夫妻无法好好相处但是又由于某些原因暂时无法分开，也不要当着孩子的面吵闹和厮打。记住：对于还没有是非判断能力的孩子来说，无论是大人谁的错，都只会增加他的痛苦与悲伤。

适度宣泄悲伤，利于培养孩子的积极情绪

5岁的温鑫是奶奶带大的，跟奶奶的感情最深。当温鑫发现奶奶不见了后，一次次追问妈妈："奶奶去哪里了？"妈妈对他说："奶奶去了很远很远的地方，要很久以后才回来。"

于是温鑫每天放学后，都站在阳台上，看着通往小区门口的路，一站就是好久。他悲伤地问妈妈："是不是奶奶不要我了，不喜欢我了？"妈妈连连否认，并且想尽一切办法让温鑫开心，但是效果都不大。温鑫依旧思念着奶奶，脸上的笑容渐渐减少，也沉默了许多。

有一天，温鑫突然对妈妈说："我知道，奶奶已经死了。"

妈妈大吃一惊，问："谁告诉你的？"

"你和外婆打电话的时候，我听见的。"温鑫说。

妈妈正犹豫该怎样跟温鑫解释"死亡"是怎么回事时，温鑫突然说："妈妈，我也会死的，是不是？"

望着温鑫那平静的小脸，妈妈几乎无法相信自己的耳朵。

"死亡"的确是一件令人痛苦的事情，因此大人总是竭力地想在孩子面前避开这一话题。但是生离死别是人生的必修课,任谁也无法避免。与其给死亡蒙上一层神秘面纱,导致孩子胡思乱想,不如教会孩子直面现实,学会正确调节情绪、面对悲伤,适度地宣泄。只有这样,孩子才能真正走出阴影,重获快乐。

首先,家长应该接纳并理解孩子的悲伤,不要指责他,也不要试图迅速转移他的悲伤。教给他正确的自我调控方法,才是帮助孩子的最好方式。在引导孩子宣泄悲伤时,不同性格的孩子要区别对待:如果是外向型的孩子,可以让他大哭一场;如果是内向型的孩子,可以在他默默流泪的时候给予安抚和拥抱;如果是脾气急躁的孩子,可以让他通过拍打床垫等软物的方式来发泄情绪。这些都是积极的自我调节手段,只有将内心的负面情绪发泄出去了,才有可能迎来正面情绪的生根发芽。

其次,不宣泄悲伤的孩子要格外注意。如果孩子在令人悲痛的事情面前不哭不闹,异常安静,不要误认为孩子生来坚强,他们只是不知道如何宣泄内心的悲伤。如果悲伤的情绪一直无法得到宣泄,在心头汇聚成汪洋,就有可能引发海啸,从而一发而不可收。也有的孩子会用表面的麻木来掩饰内心的伤痛,这类孩子要么是出自对伤痛的自我防御,不愿接受事实;要么就是因为父母太过严厉,让他们不敢尽情流泪。但无论是哪一种情况,对孩子的身心健康都是不利的。孩子要么会长久地沉浸在悲伤中不可自拔,要么会变得冷漠无情。因此,要让孩子把悲伤的情绪尽情地宣泄出来,只要不妨碍他人、不伤及自己,采取哪一种方式都可以。

最后,作为父母,应该为孩子创造一个适合宣泄悲伤情绪的生活空间,而不是严防死守,堵住他们的情绪出口。充分表达悲伤,才能摆脱悲伤,才能真正从负面情绪中走出来;教会孩子正确地宣泄悲伤,才能培养孩子的积极情绪。

 **延伸阅读：钟摆效应可强化孩子的好情绪**

所谓情绪的钟摆效应，就是指任何人都有正面情绪和负面情绪，两种情绪对人的影响呈对称状态：如果一个人对正面情绪感受强烈，那么对负面情绪也会有比较强烈的反应；同理，如果对负面情绪反应不强烈，那么对正面情绪的感受程度也会下降。这就像钟摆，左边摆得高，右边也就摆得高，如果左边摆得低了，右边也会随之降低，因为两者总是保持平衡。

就比如，一个人如果感受不到悲伤，他也无法感受到快乐；假如他不会表达悲伤的情绪，自然也就不懂得如何表达快乐。这就像钟摆，如果我们人为地让指针不往右边摆动，那么它也不会往左边摆动，最后只会停在中间。这就会造成情绪的紊乱，不是没有情绪，而是不知如何感受和表达情绪，如一团乱麻。

这样的人生无疑是悲哀的。这也给了我们一个启示：既然正负情绪总是呈平衡状态，那么不如尽量培养孩子感受情绪的能力，使之达到最高状态，这样他们就能尽情地感受每件事所带给他们的欢喜、感动、自豪以及满足等情绪，而这些正面情绪能让孩子感受到人生的意义和快乐，让他们的内心充满正能量。或许有人会问："这样的话，孩子对负面情绪的感受力不是也增强了吗？这样是否会扩大他们的悲伤、抑郁等负面情绪呢？"无须担心，负面情绪如果得到科学的调控，对孩子也是有益的。

  可见，利用钟摆效应，我们可以帮助孩子强化正面情绪，纵然负面情绪的摆幅也会增强，但孩子有能力去承受。有了满满的正能量，拥有感受美好的能力，再加上父母的帮助和指导，孩子的心态就会越来越好，负面情绪就会越来越少。

第四章

孩子总是说"怕":驱赶内心的恐惧,让孩子的心灵充满阳光

 小测试：你的孩子是否患有恐惧症

恐惧是一种与生俱来的情绪，在孩子的成长过程中偶尔出现害怕或恐惧情绪是正常的。但假如这种害怕或恐惧超出了一定的时间，比如三个月甚至数年以上不消失，又或者害怕的范围特别广泛，甚至害怕很多寻常之物，那么孩子就很有可能得了恐惧症。

那么，我们应该怎样判断孩子的恐惧属于正常范围还是患有恐惧症呢？可以从以下几个方面进行判断。

测试内容

1. 孩子害怕的对象是个别现象或个体，还是害怕与之有关的一切现象和个体？比如怕猫，还是害怕一切绒毛动物？
2. 将孩子带离令他恐惧的现象或事物后，孩子是能很快平静下来，还是会长久沉浸在恐惧中惴惴不安？
3. 如果电视中的镜头或者图画书中出现令孩子感到害怕的事物时，孩子是表现出无所谓，还是很难控制自己的恐惧之情？
4. 令孩子害怕的现象或事物消失后，孩子的日常生活及行为是恢复正

常,还是受到很大影响,甚至久久不能恢复常态?

5. 面对恐惧对象或现象,孩子的神情、举止、呼吸是出现尚可控制的变化,还是情绪波动剧烈,甚至丧失某种能力,如语言能力、呼吸能力等?

6. 假如大人给孩子解释某种令他感到害怕的对象或现象,孩子是理智地接受并能逐步控制自身的恐惧情绪,还是不管大人做怎样的努力,都无法消除孩子内心的恐惧?

答案解析

如果在以上各问题的回答中,以前一个选择为主,那么说明孩子的恐惧属于正常范围,家长无须过多担心,因为每个孩子在每个阶段害怕的对象和现象都各有不同,只要加以科学的引导,恐惧之情就可以得到控制和消除。

假如选择以后一个为主,那么就要警惕你的孩子有可能得了恐惧症。恐惧症不仅对儿童的生活行为会产生很多不好的影响,对孩子长大成人后的心理与身体健康也会有不良影响,因此不能掉以轻心。假如问题过于严重,建议带孩子及早就医,运用医学手段对孩子进行治疗。

 孩子的恐惧从何而来

妈妈在给小语读绘本,好久没听见小语回应,一抬头,发现小语直愣愣地盯着窗帘发呆。

"小语,你在看什么?"妈妈问。

"妈妈,我害怕!"小语一边说,一边往妈妈怀里躲。

妈妈仔细一看,原来窗帘没拉好,露出一条缝,外面漆黑一片。

"外面有怪兽吗?"小语问。

"没有,我们住那么高的楼房,怪兽怎么可能爬得上来呢?"为了让小语放心,妈妈特地拉开窗帘,打开阳台所有的灯,让小语看清楚。

"妈妈,你快回来!快点!我害怕!"小语大叫,妈妈赶紧从阳台回到房间,锁好门,拍拍小语:"妈妈在这里呢,你怕什么!"

"妈妈,我今天不要一个人睡了,我要跟你一起睡。"小语躲在妈妈的怀里。

妈妈答应了,小语开心地笑了。

妈妈要关灯,小语赶紧制止:"妈妈别关灯,我害怕!"

不关灯怎么行?妈妈有失眠症,不关灯就睡不着。

"我们开个小夜灯,把大灯关了,行不行?"妈妈跟小语商量。

"不行不行!"小语连连摇头,"不要关大灯,我害怕。"

"妈妈在呢,小语,你到底在害怕什么?"妈妈很奇怪。

"我……"小语想了想,又摇摇头,最终也没说出害怕什么。

看着小语略带恐惧的眼神,妈妈只得同意开着大灯睡觉。

在妈妈轻柔的歌声中,小语终于安心地睡着了。灯光下,妈妈看着小语的小脸,不禁疑惑:"这孩子到底在害怕什么呢?"

孩子到底在害怕什么?

这或许是很多大人的疑问。一些在大人看起来很寻常的事物,孩子看到后却露出害怕、恐惧的神情。那么孩子究竟在害怕什么?他们的恐惧又从何而来呢?

科学家认为:人类的情绪,尤其是高级、复杂的情绪,大多是在社会文化背景下衍生出来的。然而恐惧却不一样,灵长类动物、哺乳类、啮齿类动物,甚至无脊椎动物,面对恐惧时的表达和行为方式上都有着高度的一致性。这证明恐惧是动物的本能,是与生俱来的"上古情绪"之一。因此,人类天生对比自身强大的事物和神秘不解的现象怀有一种敬畏之情,而这种敬畏之情的本质就是恐惧。因此,孩子对某些事物的恐惧是一种本能,是与生俱来的情绪,比如怕黑、怕生人、怕陌生的环境等。

但人类与动物毕竟不同,人类还要受社会、文化和语言的影响,因此,从这一方面讲,孩子的恐惧除了天生,还有很大一部分是"习得的"。比如,看电视时出现蛇的镜头,电视屏幕上人们惊恐的眼神和表情以及解说员紧张凝重的声音,都会让孩子敏锐地感到这是一种危险的东西,从而产生恐惧心理。同时,孩子自身的经历也是"习得恐惧"的一种,比如有的孩子被狗咬过一次,之后他再看到狗就会很害怕,甚至害怕一切毛茸茸的动物，最后扩大为所有四足动物。这就是典型的"一朝被蛇咬，十年怕井绳"的恐惧心理的由来。

另外，还有一种"习得"是"被动习得"，是大人的恐吓造成孩子的恐惧心理。比如，为了让孩子快点睡觉，大人会吓唬不肯上床的孩子："还不睡觉！妖怪来抓人了！"为了让孩子不爬高，吓唬孩子："爬那么高摔下来，会骨折，痛死了！"在这种语言的恐吓下，孩子的恐惧心理自然越来越严重，孩子就会越来越胆小。

 儿童恐惧症的常见表现

"哎哟!"在石子路上奔跑的园园突然摔倒了,妈妈赶紧将孩子扶起来,一看,膝盖破了,流了一点血。

园园一边哭,一边指着伤口问妈妈:"妈妈,什么时候能好?"

"别担心,没事的,过几天就好了。"妈妈一边安慰园园,一边把她抱回家。消完毒,上完药,园园还在哭。妈妈就用动画片和零食分散她的注意力,可没过多久,她就又看着自己的伤口,问:"妈妈,什么时候能好?"

"不是告诉你了吗,过几天就好了。"妈妈有些不耐烦了。伤口其实并不深,应该没那么疼,这孩子太娇气了。

"妈妈,到底什么时候能好?"园园哭哭啼啼的样子让妈妈有些生气。妈妈不理她,站起来走到厨房做饭去了。

一个晚上,园园都在哼哼唧唧地哭。接下来几天,每次妈妈给她换药,她都紧张得又哭又叫。

"真的有那么疼吗?"妈妈又生气又无奈。

园园含着眼泪,点点头,又摇摇头,然后眼泪就掉下来了。

"真没出息!"妈妈笑着叹了口气,用手点点她的额头。

"妈妈,我要你说,到底什么时候能好?"园园一直缠着妈妈问这个问题,神情看起来很焦虑。妈妈每次都回答:"没事的,过几天就好了。"可园园似乎对这个回答并不满意,一遍又一遍地问妈妈。

好多次,妈妈发现园园很忧郁地看着窗外,眼睛里噙着泪水。当纱布拆除,园园看着膝盖上的伤疤,大哭起来:"我不要变残疾!我不要变残疾!"一边哭,一边叫,小小的身体发着抖,非常害怕的样子。妈妈吓坏了,紧紧地抱住园园,安慰她:"不会的,已经好了,不会变残疾的。"

"可是三楼的张叔叔不就是从工地上摔下来,腿脚不灵便了吗?他的腿上有一个很大很大的疤!"

听了园园的话,妈妈终于明白这些天园园害怕的究竟是什么了。经过妈妈反复的解释甚至保证,园园才终于相信自己的腿会恢复如初的。

一开始,妈妈以为园园只是怕疼,事实上,园园是担心会像三楼的张叔叔一样变得腿脚不灵便。而园园哭泣、大喊大叫、忧郁的种种表现都是恐惧所致。

儿童的恐惧症状根据其表现程度的不同,可分为三种:轻度恐惧、中度恐惧和重度恐惧。轻度恐惧对孩子的影响不是很大,随着时间的流逝,或者孩子远离令他害怕的人、物或环境后,大多可自然消失;中度恐惧会给孩子的生活带来很多不便,假如大人没有及时察觉并给予科学的指导和帮助,就会给孩子留下心理隐患,甚至影响孩子的一生;重度恐惧引发的后果就更严重了,它对孩子的影响无论是当时还是以后,都非常深刻。它会令孩子整日惴惴不安、神思恍惚,甚至噩梦连连、高烧不退,严重损害孩子的身体与心理健康。

恐惧虽然是一种心理及情绪反应,但孩子的生理却能十分清晰地表现出来。通常受到惊吓的孩子都会出现这样一系列状况:心跳加速、呼吸急

促、脸色苍白、四肢无力、出冷汗、尖叫逃窜、躲避退缩、抑郁寡欢，甚至痛苦绝望。这时候，家长要及时安抚孩子，给予孩子足够的安全感。然后，要用语言上的宽慰和科学的解释来消除孩子的恐惧，特别是当很多恐惧是孩子对人、物及环境不熟悉所造成时。因此，提高认知能力和水平是帮助孩子克服恐惧的很好的办法。

虽然恐惧是一种正常的情绪反应，但假如外界并没有明显的刺激物，而孩子却陷入了严重且持久的恐惧状态，或者孩子对某些本应不再恐惧的事物依然怀有强烈的恐惧情绪，那么这种恐惧就是不正常的，甚至会发展成为恐惧症。假如这样的话，就应该带孩子及早就医，以期取得良好的疗效。

 ## 与父母分离，易引发宝宝恐惧

泽晨两岁多，一直是妈妈在照顾，跟妈妈的感情特别好。可是，这让妈妈感到甜蜜的同时，也苦恼万分。

原来泽晨特别黏妈妈，简直到了一步都不能离开的地步。不论妈妈做什么，都必须在泽晨的视线范围内，并且只要泽晨找妈妈了，妈妈就必须停下手头所有的事，陪泽晨玩。泽晨要抱了，妈妈就必须立刻抱起他，别人碰一下都不行，否则就大哭大闹。有时候妈妈要做饭或洗衣服，让爸爸带一会儿泽晨，泽晨一回头发现妈妈不在，就立刻高声尖叫。妈妈没办法，只能把泽晨放在厨房门口或者洗手间门口，一边做饭洗衣，一边带泽晨。这让妈妈不仅深感疲惫，也感到很不安。眼看孩子马上要到上幼儿园的年龄了，这样下去可怎么办呢？

泽晨的表现是典型的分离恐惧情绪，多发生在1～3岁年龄段的幼儿身上，有人形象地称之为"衣角期"，顾名思义，就是孩子一直牵着妈妈的衣角，不肯与妈妈分开。当然，幼儿害怕与之分开的人不一定都是妈妈，也可能是奶奶、爷爷等，总之谁照顾孩子的时间越长，孩子与之分开的时

候就越容易有分离恐惧情绪。面对宝宝的分离恐惧情绪，父母要掌握正确的态度和应对方式。

首先，要理解孩子与父母分开时的不安和恐惧。因为对他们来说，父母就是"保护伞"，而陌生的环境和不熟悉的人则充满了"危险"，所以对这一年龄段的孩子来说，无论以何种方式表示对分离的恐惧都是正常的。

其次，孩子克服分离恐惧情绪需要循序渐进。有的父母会将孩子害怕与父母分离简单地认为是胆小、羞怯，因此试图通过强化训练让孩子变得勇敢。比如，让孩子一个人在单独的房间睡觉；送孩子上幼儿园，交给老师后，头也不回地离开；带孩子到人多的地方，硬把孩子往外推，让他跟不认识的小朋友一起玩耍……

然而，事实证明，急于求成的做法只会让事情变得更糟：孩子不但没有变得勇敢，相反，他们由于担心、害怕父母不要自己，会变得更加敏感、焦虑、恐惧。因此，正确的做法应该是学会逐步放手。

比如，要训练孩子单独待在房间，就要先在这个房间里陪伴他，然后试着走开，到另一个房间或客厅里，保持房间的门敞开，让孩子可以看见你在做什么，中间时不时和孩子说说话，让孩子的心里有个适应的过程，慢慢接受大人的离开。

再比如，要想解决孩子的入园恐惧症，可以在开学前带孩子多去几次幼儿园，让他们熟悉幼儿园的环境和老师，这样，当开学后父母离开时，孩子就不会因为对周围的环境和人一无所知而陷入恐慌之中。鼓励孩子交朋友也应该运用同样的方法，先带着孩子远远地观察，如果看到他对小朋友们玩的游戏感兴趣，就带着孩子慢慢走近，然后鼓励孩子加入他们。如果孩子很抗拒，也不要过于勉强他。随着年龄的增长，孩子对外界的事物和人会越来越感兴趣，和小朋友交往的渴望也会越来越强，到那时，孩子与父母分开时，焦虑和恐惧就不会那么强烈了。

最后，家长要克服自己的分离恐惧。特别是一手将孩子带大的妈妈或奶奶，因为舍不得和孩子分开而造成孩子产生分离恐惧的也不在少数。曾经有一位妈妈在孩子刚上幼儿园时，每天都在幼儿园门口与孩子"抱头痛哭"，不但严重影响孩子的正常入园，对周围其他孩子的情绪也产生了很大的负面影响。最后幼儿园不得不出面干涉，请家庭其他人员送孩子入学。因此，要记住：要想让孩子坦然接受与父母的分离，父母首先应该调整好心态，不要将分离的恐惧和焦虑带给孩子。

第四章

 宝宝害怕小动物，怎么办

　　桦桦5岁了，是个可爱活泼的小男孩，他不害怕与陌生人交往，平时胆子也不算小，就是不敢接近小动物。

　　其他孩子看到可爱的小动物如小猫、小狗之类的，总是喜欢得不得了，不由自主地会去摸摸、抱抱它们。可桦桦见到小动物，却一个劲地往后躲，眼神里充满了恐惧，更别说用手去触摸它们了。为了让桦桦学着亲近小动物，爸爸妈妈还经常带他去动物园，可是桦桦一到动物园就显得紧张不安，一个劲地嚷着要回家。让他和小动物合个影，哪怕离得远远的，都哭着闹着，怎么哄都没有用。

　　一开始，爸爸妈妈对此还不是非常在意，直到有一天老师打电话说桦桦在幼儿园晕倒了：竟然是因为一只小兔子。原来，为了教学的需要，老师带了一只小白兔到教室，让小朋友们观察。孩子们见到小兔子都是又喜欢又兴奋，只有桦桦一直躲在角落里不肯上前。老师为了鼓励他，特地把小兔子拎到他面前，不料桦桦竟然脸色苍白、浑身发抖，一下子晕过去了。

　　自古以来，人们对毛茸茸的小动物就有一种天生的喜爱，尤其是孩

子，见到娇憨、呆萌的小狗、小猫之类的小动物就挪不开脚步了。但也有例外，比如上文的桦桦就是一个看见小动物就产生恐惧的孩子。假如这种恐惧没有及时矫正，长大后会对孩子的生活造成不利的影响，甚至成年以后依然害怕接触小动物与毛绒玩具。

那么，怎样才能帮助孩子爱上小动物，引导孩子与小动物交朋友呢？

首先，父母要搞清楚孩子害怕小动物的原因是什么。从心理学角度来说，一个人对某一事物产生恐惧心理，无非有两种原因：一种是先前不愉快的经历在心里留下了阴影，另一种是对不了解事物的天生恐惧。有的家长或许会说："我的孩子从来没被小狗咬过或者被小猫抓过，但他怎么会害怕小动物呢？"并非一定要身体上受过伤害，才会在孩子心里留下不愉快的阴影，书籍、电视的影响，以及大人的恐吓都会给孩子造成"动物很恐怖"的印象。尤其是一些作品为了突出恐怖效果，会将动物描画成青面獠牙、面目狰狞的丑恶模样，孩子见了之后就会留下深刻的印象，进而波及其他"无辜"的小动物。而有些父母见到老鼠、蟑螂等小动物时发出的尖叫与表现出的厌恶神情，也会给孩子留下"动物很肮脏、很可怕"的印象。

其次，培养孩子对动物的好感。搞清楚孩子惧怕动物的原因，就可以对症下药了。平时多让孩子接触一些描写小动物正面形象的书籍和影视作品，给孩子多讲一些有关动物的温馨的故事，要让他们分清哪些动物是人类的朋友，哪些动物是不可以靠近和接触的。在日常生活中，千万不要用"不听话，就让大灰狼把你抓去""再不乖，就让大老虎吃掉你"之类的话吓唬孩子，要知道孩子的心灵一旦留下阴影就很难消除了。如果孩子一开始害怕小动物，不要强迫他跟小动物接触，可以带着孩子远远地观察，让小动物可爱的形象讨得孩子的欢心之后，再慢慢靠近，引导孩子摸摸小动物身上茸茸的毛，培养孩子与小动物之间的感情。

总之，任何恐惧的消除都是一个循序渐进的过程。儿童心理研究也发现：能和小动物建立良好关系的孩子，通常更有爱心和耐心。而与小动物接触的过程，对孩子语言表达能力的发展、性格的完善都有好处。因此，父母要帮助孩子热爱小动物，和小动物交朋友。

 儿童也会有社交恐惧症

周末,妈妈带言言参加同学聚会,有几个同学也带了自家的孩子。由于孩子们年龄相仿,很快就熟了起来,玩在了一起,唯独言言紧紧地依偎着妈妈,怎么也不肯去跟其他孩子一起玩。

有一个同学家的女儿年纪稍微大一些,主动跑过来拉起言言的手:"小弟弟,我们一起玩老鹰抓小鸡吧!"

"我不要!"言言迅速甩开女孩的手,躲到妈妈身后。

"跟小姐姐去,你看,大家玩得多开心啊!"妈妈劝言言。旁边的阿姨也对言言说:"和小朋友一起玩吧,自己一个人多没劲!"

小女孩没有放弃,绕到妈妈身后,再一次热情地抓住言言的手:"走吧,小弟弟!"

"不要!不要!就不去!"言言突然尖叫起来,狠狠地推开小女孩,抱住妈妈的大腿哭起来,"妈妈抱!妈妈抱!"

小女孩吃了一惊,呆呆地站了几秒钟,跑开了。妈妈的同学也有些诧异,妈妈不好意思地说:"孩子平常都是奶奶带的,胆子小。奶奶腿脚不方便,不太愿意下楼,所以孩子经常一个人待在家里,不怎么跟小朋友接触。"

"这可不行。"一位心直口快的同学说,"这样下去,孩子会得社交恐惧症的。"

"社交恐惧症?"妈妈吃了一惊,旋即又笑了,"没那么严重吧?孩子大一些,胆子大了,自然就好了。"

孩子胆怯、害怕与人交往,很多父母都抱有跟言言妈妈一样的想法:孩子年龄大一些,胆子自然会变大,到时候就好了。这种顺其自然,在孩子的教育问题上,并不提倡。当孩子出现问题时,及时察觉、认真干预、科学指导才是正确的做法。

当孩子出现社交恐惧症时,家长首先要分析其产生的原因。心理学研究证实,儿童产生社交恐惧症主要有两种原因:一是先天遗传,如果直系亲属中有人患有社交恐惧症,那么孩子患病的概率要比其他孩子高出十倍多;第二种是后天环境的影响,假如孩子生活在一个关系紧张、敏感的家庭中,例如夫妻不和睦、婆媳经常吵架等,孩子就容易封闭自己,进而发展到不愿意和任何人交往。当然,大人的过度溺爱和保护也是使孩子产生社交恐惧的重要原因之一,比如过度担心人贩子而禁止孩子与陌生人交流的做法就会让孩子害怕一切陌生人,进而发展为社交恐惧症。

虽然社交恐惧症与一个人的智商没有关系,却直接影响着一个人的情商,影响孩子长大后的为人处事。患有社交恐惧症的人通常会被认为孤僻、难以沟通或者缺乏团队精神,也直接影响其生活与家庭的幸福。因此,作为父母,要尽早发现并帮助孩子解决这一问题,让他们学会交朋友,并因此获得快乐与幸福感。那么具体应该怎么做呢?

1. 鼓励孩子多与其他孩子交往

在孩子的人际交往过程中,家长应该引导孩子适度交往,多结交志同道合的朋友，并引导孩子在与小朋友的交往中注意团结互助、友爱相处。

2. 为孩子提供一定的交往机会

家长应尽量利用下班和周末的时间，带孩子多出去走走，多接触外面的世界。接触得多了，孩子的陌生感和羞涩感就会慢慢消除，胆子就会越来越大，与人打交道时才会越来越自信。也可以将自己的孩子"送出去"，比如，让孩子参加诸如夏令营等集体活动。家长还可以把孩子的同学、伙伴"请进来"，比如，让孩子把同学、小伙伴带到家里来玩耍、聚会等。

幼儿睡眠干扰：怎样摆脱噩梦的纠缠

"妈妈！救命！"

一声尖叫，让睡梦中的爸爸妈妈猛然惊醒。身边的皓轩已经坐了起来，脸色苍白，闭着眼睛大声哭泣。妈妈侧身把皓轩紧紧抱入怀中，不停地用手拍着他的背，安慰他："没事了，没事了，爸爸妈妈在身边，不怕！不怕！"

在妈妈轻柔的安抚下，皓轩慢慢平静了下来，不过眼睛还是紧紧地闭着。

"皓轩，把眼睛睁开，看看爸爸妈妈。"妈妈说。

"不要，我害怕！"皓轩一边说，一边往妈妈怀里躲。

"你害怕什么？"妈妈轻声问，"是不是又梦见妖怪了？"

"是啊！好可怕的妖怪！"皓轩的小脸上现出恐惧的神情。

"能告诉妈妈你梦见的妖怪是什么样的吗？"

"尖尖的牙齿，红红的眼睛，会喷火的大嘴巴，还有一条长满刺的大尾巴……"

皓轩一边描述，爸爸在一旁迅速画着。皓轩说完了，爸爸把纸递给他："是长这样子吗？"

皓轩看了一眼，立刻转过头："是的。"

"你看，妖怪已经被爸爸用链子锁住了，我们现在把它关进小盒子里头。"爸爸用绳子扎紧画纸，塞进一个小纸盒，对皓轩说，"我们现在一起到阳台上把妖怪烧掉，好不好？"

"好！"皓轩拍着小手，爸爸妈妈带着皓轩走到阳台，将小纸盒点着烧干净，然后把纸灰埋进花盆里。

"好了，妖怪已经被爸爸消灭了，我们现在去睡觉，好不好？"

平静下来的皓轩很快又进入了梦乡。望着孩子安静平和的小脸，妈妈冲爸爸竖起了大拇指。

做噩梦，是每个孩子都有过的经历。渥太华大学心理学与睡眠实验室的专家甚至认为，超过10%的孩子会经常做噩梦，多的可以达到一周一次或数次。

噩梦会影响孩子的正常睡眠，令孩子睡眠不足，白天精神不振。经常性的噩梦更是会对孩子的心理造成影响，让孩子情绪焦躁、抑郁不安，甚至变得胆小怯懦。因此，虽然梦境只是虚构的，但作为父母，不能对孩子频频做噩梦的现象掉以轻心。

孩子会做噩梦，通常与其白天不愉快的经历有关。比如因为某件事受了惊吓，或者看到某个令他害怕的场景、形象。由于当时留下了深刻的印象，孩子在睡梦中就会重复当时的场景，再次看见令他害怕的形象，这就形成了噩梦。

还有一种情况，做噩梦是孩子内心焦灼的体现。孩子在生活中遇到了不开心或无法解决的事情，如好朋友分离、亲人去世、父母不和等，当他们不知所措又陷入焦虑、痛苦的情绪中无法自拔时，这种情绪就会以噩梦的形式表现出来。正如心理学大师阿德勒所说：每个人做梦都是有目的的，梦是为了抒发某种情感或情绪。当这种情感或情绪是不愉快或不美好的时，噩梦就会产生。

所以，要想解决孩子被噩梦困扰的问题，关键是要在白天给孩子创造良好的环境，不要用可怕的故事或事物吓唬他们，给孩子足够的安全感，让他们有平稳安定的情绪。当感觉到孩子有持续的焦躁情绪时，要试着安抚他们，并给出能够帮助他们解决问题的建议或方法。

假如孩子只是偶尔做噩梦，父母不必过于担心，也不要过分解读孩子的梦境。要用轻松的语气告诉孩子，梦中的一切都是假的，醒来后有爱他的父母，有温馨的家，不必害怕。要记住：关心孩子梦中的情绪要比关心孩子梦的内容更重要。如果孩子经常性地做噩梦，作为父母就一定要找出背后的原因。找出原因后要给孩子具体的指导和帮助，引导他们缓解压力、释放情绪。

 ## 由陌生人和陌生环境引发的恐惧

钟灵两岁了,是个活泼可爱的孩子,在家总是又说又唱,还会模仿电视里的对白。那奶声奶气的童音、惟妙惟肖的动作,常常惹得家人开怀大笑。

可就是这么一个"开心果",一到外面,就会变成一个"闷葫芦"。别说让她表演了,就是让她开口打招呼都很难。无论走到哪里,钟灵都像一只树袋熊一样挂在大人的身上不肯下来,见到陌生人就往大人身后躲。

有人说,钟灵胆小,多带她出去走走就好了。于是某天晚上,爸爸妈妈带着钟灵到朋友家玩,之前在车上还有说有笑的,到了门口钟灵却死活不愿意进门,一个劲地拉着妈妈的手喊:"回家!回家!"妈妈指着朋友说:"你看,叔叔阿姨你都认识的,以前还到我们家玩过呢。"可钟灵依旧一个劲地往后躲,拼命拽着妈妈:"妈妈,回家!回家!"

爸爸蹲下来想给钟灵换鞋,钟灵一边乱踢小脚,一边哭着喊:"我不要!我要回家!"最后,连朋友家大门都没进,爸爸妈妈就无奈地带着钟灵原路返回了。

一回到家,钟灵又变成了那个活泼可爱的小女孩,唱歌、跳舞,拉着爸爸妈妈像只小喜鹊一样叽叽喳喳地说个不停。

钟灵在家和在外面截然不同的表现是对陌生人和陌生环境的恐惧所致，这种现象在1～3岁孩子的身上表现得尤为明显。因为这一年龄段的孩子认识水平有限，缺乏安全感，而建立安全感是一个漫长的过程，需要孩子根据自身的需要来自行完成。所以家长在这一时期不能过于急躁，不宜强迫孩子在短时间内接受陌生人和新环境，否则有可能适得其反，令孩子心生恐惧。

每个孩子在个性上都存在差异，有的孩子大方、开朗，有的孩子则天生胆小、羞涩。前一类孩子通常具有强烈的好奇心，勇于探索新事物，能很快适应新环境；而后一类孩子在面对新环境和陌生人时则更多地表现出不安和焦虑。这与家庭环境以及父母的个性也有很大关系。因此，要想培养孩子开朗大方的个性，首先要创造宽松、温暖的环境，家长要给孩子做出榜样，与周围的人和睦相处。这样孩子就会看在眼里，学在心里，渐渐地也会用一颗友善、温暖的心对待周围的人和物。待孩子从其他人那里获得更多的认同感和接纳感之后，孩子就会变得更加自信，胆小、羞涩的毛病自然也能得到改善。

对于天生胆小害羞的孩子，家长要有更多的耐心，要尽可能让孩子按照自己的节奏来克服对"陌生"的恐惧，不要急于求成。在让孩子接触陌生人之前，要先给孩子多一些准备时间，比如在家里来客人之前，先跟孩子谈谈客人的情况，告诉孩子该如何接待客人。带孩子到别人家做客时，也可以先向孩子介绍一下主人，谈谈怎样做一个受欢迎的小客人。甚至还可以采取模拟演练的方法，因为孩子对于这样的游戏通常是很感兴趣的。

 ## 99%的学生都有"开学恐惧症"

马上幼儿园就要开学了,可在家里却不能提"幼儿园"这三个字,一提,5岁的瑞麟就又蹦又叫:"我不要上幼儿园!我不要上幼儿园!"

"为什么?"妈妈好奇地问。

"就是不想去!"瑞麟很干脆地回答。

"幼儿园有滑梯,你不是最爱滑滑梯吗?"妈妈试图"诱惑"瑞麟。可瑞麟毫不在意地说:"我让奶奶带我去公园,那里的滑梯比幼儿园的大多啦!"

"幼儿园里有很多玩具,还有很多好吃的东西。"

"我让奶奶带我去超市买好吃的,让爸爸给我买玩具!"瑞麟见招拆招。

"但是幼儿园里有很多小朋友一起玩哦!在家里没有小朋友陪你玩吧?"

"我只要跟森森玩。"森森是楼下的孩子,是瑞麟最好的朋友。

"但是森森也要上幼儿园的呀!开学了,小朋友都要去上幼儿园的,就你一个人待在家里吗?那多孤单啊!"

瑞麟低下头,想了一会儿,没说话,自顾自跑开了。

到了晚上,爸爸带回来一个小书包:"快看,瑞麟,爸爸给你买了个新书包,可漂亮了!"

"我不要!"瑞麟突然发怒了,用力把书包扔到地上,"我不要上幼儿园!"

"你这孩子!"爸爸生气了,抬起手在瑞麟屁股上拍了一下。瑞麟一边放声大哭,一边跑进房间,狠狠地关上了门。

中小学学习压力大,孩子出现"开学恐惧症"是可以理解的,可在幼儿园,不就是吃吃喝喝、玩玩睡睡,怎么也会出现"开学恐惧症"呢?

其实这并不难理解,在幼儿园虽然没有学习上的压力,但是对于孩子来说,幼儿园没有最爱的爸爸妈妈,没有家中温暖舒适的环境,睡觉、吃饭、上课都要严格遵守幼儿园的规定,不能随心所欲,这对于某些孩子来说就是一种束缚,因此,他们难免会对幼儿园生活产生抗拒。而且幼儿园就是一个小社会,虽然没有复杂的人际关系,但是对于年幼的孩子来说,

从一个只有家庭成员的小环境进入一个有着数十个孩子的大环境，产生恐惧和不适应心理也是难免的。同时，有的老师比较严厉，这也是部分孩子不肯上幼儿园的原因之一。还有些孩子由于胆小懦弱、性格内向等，在幼儿园不合群，没有好朋友，因此，"幼儿园"三个字对他们来说没有足够的吸引力。

家中的环境和假期的生活相对来说比较安逸、舒适，所以一些孩子临近幼儿园开学就会出现各种各样的"症状"：烦躁、焦虑、头疼、失眠、无缘无故发脾气等，这些都是情绪问题带来的生理反应。因此，要想解决孩子的幼儿园"开学恐惧症"，就要从安抚孩子的情绪入手。

首先，收心不能"急刹车"，从家到幼儿园的环境转化需要给孩子一个适应的过程。临近开学，家长要合理安排孩子的作息时间，作息尽量与幼儿园的节奏保持一致，这样才能避免开学后孩子产生较大的情绪波动。

其次，要搞清楚孩子不肯上幼儿园的原因。是因为在幼儿园受小朋友欺负，还是因为惧怕某位过于严厉的老师。家长要了解情况并及时与对方家长或老师沟通，解决孩子的后顾之忧。

此外，放假了不要让孩子总待在家里，多带孩子到公共场合走走、玩玩，让孩子多与同龄人接触、玩耍。并且要有意识地和孩子聊聊幼儿园里的趣事、开心事，让孩子感觉上幼儿园是一件幸福的、值得期待的事情，这样，孩子就会自然而然地爱上幼儿园，期盼早日开学。

延伸阅读：儿童牙科恐惧症产生的原因与干预手段

儿童牙科恐惧症，是指孩子在治疗过程中所产生的痛苦、担心、焦虑、惧怕等心理。不仅孩子对看牙医心存恐惧，一半以上的成年人也存在牙科恐惧症。调查显示，多数成年人害怕看牙医，是因为儿童时期接受牙科治疗时曾有过不愉快的经历。

那么，儿童产生这一心理的主要原因是什么呢？

其一是孩子对医院的恐惧。提及"医院"二字，孩子就会联想到打针、吃药、疼痛等不愉快的体验，而这些回忆都会加深孩子的恐惧感。

其二是孩子对医疗器械的恐惧。医院里诸多的金属器械令孩子望而生畏，涡轮机的旋转声、冰棒测牙髓活力以及涡轮机备洞去腐质时的不适感和疼痛感都会让孩子产生抗拒，而大多数孩子躺在治疗椅上的无助感会让他们更加害怕。

其三是间接性的不良就诊体验。其他人对牙科的恐惧和厌恶也会传染给孩子，尤其是就医期间，若是看到别的孩子哭闹，孩子就会更加害怕，从而产生逃避心理。

其四是大人的威胁和恐吓。当孩子不爱刷牙、爱吃甜食时，大人常常会吓唬他们:"要是牙齿坏了,就得去拔牙,痛死你!"再比如,童话故事《没牙的老虎》等,也会加深孩子对看牙医的恐惧。

由此可见,要想帮助孩子克服牙科恐惧,就必须进行心理干预。首先,家长平时不要用"拔牙"来恐吓孩子,要让孩子养成爱护牙齿的好习惯,但同时也要让他们明白,当牙齿出现问题时,看牙医是一件正常的事,而且描述时尽量要将治疗时的不适感和痛苦感降到最低。

其次,首次带孩子看牙齿时,尽量使用无痛治疗技术,将疼痛控制在孩子能接受的范围内,时间不要太长,更不要做复杂治疗,可以分多次进行。事实证明这对孩子来说,更容易接受。

最后,在治疗前,家长要与医生做好沟通与交流,治疗期间医生的鼓励和安慰对孩子来说是最有效的,给孩子解释一下治疗器械的构造与作用,用亲切的语言和笑容让孩子身心放松,从而建立孩子与医护人员之间的信任感。同时,家长也要充分信任医生,尽量不要参与治疗过程,一般来说,有家长在身旁陪伴的孩子更加娇弱、敏感,哭闹的程度也要高于单独接受治疗的孩子。

总之,消除儿童的牙科恐惧症不仅仅是医护人员的责任,也是父母的责任。家长要配合医护人员做好孩子的心理工作,这样才能将孩子对牙科的恐惧降到最低。

第五章

自卑感就像阴雨天:别让你的说话方式熄灭孩子内心的明灯

小测试：你的孩子自卑情结严重吗

一个人是否有自卑情绪，在其童年时就基本能看出来，除非发生重大变故，否则自卑性格的形成大多起源于孩提时代。

那么，你的孩子是否具有自卑情绪，可以通过以下十个问题进行测试就能知道答案。

测试内容

1. 孩子是否得到过家长或老师的多次奖励，或者别人的夸奖？
2. 孩子在家或在学校是否被批评过很多次？
3. 孩子的性格是否特别内向、胆小、害羞？
4. 无论什么竞技比赛，孩子都不愿意参加，只因为害怕失败，被人嘲笑很差劲？
5. 孩子是否不喜欢说话，觉得自己没有优点？
6. 孩子是否认为自己在家是个好孩子？
7. 孩子是否认为父母或老师很喜欢自己？
8. 孩子是否认为自己很优秀？

9. 孩子是否认为自己承受能力差，或者无法克服身边的困难？

10. 孩子是否有很重的猜疑心，而且容易嫉妒别人？

答案解析

如果以上的问题，有七个以上问题的答案为"是"，则说明孩子性格内向，承受能力差，有很重的猜疑心，容易自暴自弃，甚至容易嫉妒或贬低别人。说明孩子的自卑情结严重。

如果以上的问题，有四个以下的答案为"是"，则说明孩子能很好地正视自己，有较强的竞争意识，人际关系融洽，是个较为自信的人。

 自卑感不是与生俱来的

音乐老师经过操场时,被一阵动人的歌声给吸引了。她循声望去,发现平时沉默寡言的宁宁正一个人陶醉地唱着歌。

"太好听了!"歌声停了,音乐老师拍着手走过去,惊喜地说,"宁宁,没想到你还有这么好的嗓音!平时在教室唱歌,为什么声音就放不开呢?"

宁宁像一只受惊的小鹿般看着老师,羞红了脸。

"宁宁,我的合唱团正需要一个主唱,就由你来担任,好不好?"

"不不不!"宁宁慌乱地摇手,语无伦次地说,"不行……我不行……唱不出的……"

"为什么?"音乐老师奇怪地问,"你就像刚刚那样唱就可以了。"

"大家都说我长得像小猫,声音也像小猫,我第一次上台就被大家嘲笑。"宁宁的声音低低的,旋即抬起头,说,"老师,你还是让馨馨当主唱吧,大家都说她唱得好。"

"她唱得是很好,可老师更喜欢你的声音,清亮得像百灵鸟。"老师热切地看着宁宁。宁宁怀疑地看着老师,还是固执地摇头:"我不行,我不唱!老师再见!"

说完，宁宁一溜烟地跑掉了。

宁宁的歌声虽然得到了老师的肯定，但"第一次上台就被大家嘲笑"的经历在宁宁的心里留下了深深的伤痕，而这伤痕正是宁宁自卑的主要原因。她不断地否定自己、拒绝老师，也正是因为第一次的打击让她失去了自信。

关于自卑情绪的形成，有人总结得好：当婴儿躺在妈妈的怀抱中时，是不会有自卑情绪的；自卑情绪的产生，一定是后天某个事件、某种歧视或某个打击所造成的，它不是天生存在的，而是具有习得性的一种体验。的确，即便是成长于同一个家庭的孩子，相貌和成绩比较差，不会讨家长欢心的那个，常因得不到家长的肯定与表扬而觉得自己比不上其他人，在心里形成低人一等的观念，而这一观念正是孩子产生自卑感的根源。

正如心理学大师弗洛伊德分析：童年的经历虽然会随着时光的流逝而被淡忘，甚至消失于意识层中，却会在潜意识中被保留下来，对人的一生产生恒久的影响。因此，童年时期产生的自卑感通常会伴随人的一生。

而童年对孩子影响最大的莫过于环境，尤其是家庭环境，可以说孩子自卑的根源多半来自父母的态度。如果孩子在外面受到了不公平的对待，回到家中，家长可以及时地给予安慰和鼓励，那么孩子的自卑或许就可以被扼杀在萌芽状态。而假如连父母都不认可孩子，一味地打击孩子，那么孩子很容易就会产生悲观、自卑的情绪。

可见，要想让孩子健康阳光地成长，就要努力给孩子创造一个充满信任、温暖和爱的环境，宽容地接纳孩子的一切，杜绝所有打击和贬低孩子自尊心与自信心的表现与行为。也就是说，家长的信任与赏识，是帮助孩子消除自卑、树立自信的良药。

 **自尊心过强也是自卑的一种表现**

　　8岁的蔚然聪明伶俐，就是太好强，做什么都不肯落后于人。不管参加什么比赛或活动，只要是被别的小朋友比下去了，就会闷闷不乐好长一段时间。蔚然还特别喜欢被老师表扬，每天放学后，他总是拉着妈妈去数公告墙上老师盖的小红花印章的个数。如果他的比别的小朋友的多，他就很开心；如果比别的小朋友的少，他就一脸不高兴，甚至第二天嚷嚷着不肯上学，总要爸爸妈妈哄半天，好话说尽，他才肯罢休。

　　妈妈曾和老师交流过这个问题，老师说这是因为蔚然自尊心太强。可某天下午发生的一件事，却让老师改变了看法。

　　蔚然和佳雨因为抢玩具发生了争执，蔚然动手打了佳雨。老师批评了蔚然后，让他向佳雨道歉，可他不仅没有道歉，反而趁老师不注意又偷偷打了佳雨。老师问他为什么要这么做，他说，如果他道歉的话，大家就会笑话他、看不起他。并且蔚然一直哭闹着，说以后永远都不来上学了。

　　老师对蔚然的话和行为感到很惊讶，他认为，蔚然过强的自尊心下掩藏的其实是一颗敏感、脆弱而自卑的心。

很多情况下，自尊心强并不是一件坏事，因为它可以激励孩子发奋图强；但过度的自尊实际上折射出的是脆弱的心灵和自卑的情绪。上文中蔚然的表现就是如此。

有人说不正确的自尊心就是自卑，正是由于不自信，才会特别在意别人对自己的评价。对孩子来说，如果老师的表扬和肯定成为刻意攀比的凭借，那么它带给孩子的就不再是正面的、积极的意义，而很可能会成为孩子骄傲的资本或者因为不如他人而产生焦灼情绪的根源。真正自信的孩子虽然也同样希望自己更优秀，但对于输赢的结果并不会非常介意，更不会因为别人比自己强而产生焦虑、烦躁和嫉妒的心理，他们会再接再厉，更加努力，因为他们的关注点不是外界的评价，而是自身能力的提高。但过度自尊的孩子与其说是"自尊心强"，不如说是"他尊心强"。因为他们只有在别人的称赞和表扬中才能获得喜悦，他们的关注点不是自身得到了什么收获，而是通过这件事他们从中获得了多大的关注与名望。而这正是孩子不够自信的表现。

那么，孩子的这种心理是如何产生的，又该如何克服呢？

在现代的中国家庭中，孩子是关注的焦点，一点点好的表现就会得到大人们近乎夸张的赞美。在这种关注和表扬声中长大的孩子很容易以自我为中心，产生不合实际的优越感。无论做什么事，他都希望自己是最出色、最受瞩目的，否则，就会产生严重的失落感和不安全感。正是这种失落感和不安全感导致了孩子的自卑，一旦得不到大家的关注，他就会认为自己不如别人，甚至产生自暴自弃的念头。要想改变这一状况，家长就要做到以下两点。

1. 给予孩子适当的关注，不要让他有"我就是世界中心"的感觉

试着引导孩子去关心别人，发现别人的长处，并学会真诚地赞美对

方。要让孩子知道,每个人都有自己的优点和缺点,在某方面比别人强没什么好骄傲;同样,在某方面不如别人,也是一件正常的事情,没必要太过沮丧和难过。

2. 对年幼的孩子,用奖励输方的小游戏来淡化孩子过强的自尊心

可以和孩子玩游戏,规定赢的一方要给输的一方讲故事(当然,前提必须是孩子喜欢听故事)。这样,就可以让争强好胜的孩子明白:其实输赢和面子无关,有时输了说不定还有意外的收获。不过父母在教育孩子的过程中,一定要把握好度,不能让孩子在正当的竞争面前变得畏缩、胆小、不愿尝试。

爱说"我不"的孩子，多有自卑倾向

六一儿童节那天恰逢周末，妈妈带歆瑶到中心广场玩，刚下车就遇到同事黄阿姨也带着女儿若华来玩。黄阿姨笑着说："这下两个孩子正好有伴了。"若华拉着歆瑶的手，高兴地说："走吧，我们一起去玩！"

"我不要，我要和妈妈在一起。"歆瑶缩回手，躲到妈妈身后。

妈妈推开歆瑶："你去跟若华玩啊，妈妈和黄阿姨说会儿话。"

"不要，我要妈妈抱！"歆瑶像树袋熊一样挂在妈妈身上。

"你怎么这么没用呢！"妈妈有些生气，拉着她往前走。

广场中心围了很多人，原来是商场组织的儿童联欢会，主办方为了吸引孩子们参与，还准备了不少礼物。很多孩子纷纷上台，唱歌、跳舞、讲故事，各种才艺表演，不但获得了台下观众的热烈掌声，还拿到了自己喜欢的小礼物，一个个都很开心。若华在妈妈的鼓励下，也登台表演了一段顺口溜，拿到了一支卡通牙刷。

"歆瑶，你上台唱首歌好不好？"黄阿姨看到歆瑶羡慕的眼神，微笑着说。

"我不会唱。"歆瑶连忙摇头。

"就唱幼儿园老师教的歌好了,所有上台的小朋友都可以拿到礼物的。"若华兴奋地说。

"我不要唱!"歆瑶把身子缩进妈妈的怀里。妈妈更生气了:"你只会说'不要',真没用!"

这时,台上正在组织小朋友们玩一个游戏,主持人看见歆瑶,热情地伸出手说:"小朋友,一起上来玩游戏好吗?"

"我不要!不要!"歆瑶连连摇头,双手紧紧搂住妈妈的脖子,"妈妈,我要回家!"

"我不"是很多孩子的口头禅,通常大人以为孩子是害羞或者叛逆,并未察觉这或许是孩子内心深处的自卑情绪在作怪。

因为自卑,对自己没有信心,所以孩子在面临任务或邀请时,总会脱口而出"我不"二字,就是为了逃避失败后的难堪和难过。除了胆小的原因外,这类孩子很有可能受挫过,并且受挫后没有得到及时的心理疏导,因此留下自卑、畏惧的心理阴影。比如上文中的歆瑶,很有可能因为唱歌不好听受到过嘲笑,因此她害怕开口,并下意识地用"不"来拒绝别人。

面对这类孩子,家长同样要创造机会让孩子多一些成功的体验。不要拿孩子做横向比较,比如说:"你瞧某某那么大方,你怎么这么没用呢?"或者说:"某某画的画比你的强多了,你要多向他学习。"这种比较会让孩子产生严重的挫败感。因为0~6岁的孩子对自身的评价多来源于外界对自己的评价,尤其是父母的评价,如果总是遭受否定和打击,孩子就会失去自信。家长原本是为了激励孩子,结果却让孩子丢掉了尊严和自信。如果歆瑶的妈妈知道这个道理,就不会连续两次说歆瑶"没用",结果不但没有起到激励孩子的作用,反而使孩子更加迷惘、自卑、胆怯。

即便孩子天生胆小,家长也不要过于心急,要从小事开始,一点一滴

逐步培养孩子的自信。比如,第一次让孩子自己吃饭,即便孩子吃得满桌满地都是,也不要责怪孩子,而应该说:"宝宝真棒,愿意自己吃饭了。"然后再耐心地教导孩子怎样吃才能吃得更快、更好。孩子的每一点进步父母都要看在眼里,并且及时给予表扬和称赞。如果非要做比较,就拿孩子的现在与过去做纵向比较,让孩子清楚地看到自己的成长,以此来增强自信。

孩子的成长是一个渐进的、曲折的过程,即便中途出现反复,显露出畏难和退缩的情绪,家长也不能不耐烦,更不能责骂孩子。孩子在没有自信心的时候,最需要的是大人的指引和宽容。容许孩子说"不",理解孩子的畏难情绪,给他鼓励与支持,而不要用强迫和责骂来加重孩子的心理负担。当然,更重要的是耐心的等待和包容的接纳,自信只有在宽容的土壤中才能生根发芽,并茁壮成长。

 ## 别让"别人家的孩子"毁了自家孩子的自信

思玥和熙桐是楼上楼下的邻居。思玥的父母都是大学毕业生,现在是高级白领;而熙桐的父母文化程度比较低,靠摆摊发家致富。两个孩子在同一所幼儿园上学,小学又分在同一个班级,从此,数落孩子就成了熙桐家的"家常便饭"。

"你看看你,写字写得像狗爬一样,你再看看思玥的字,多工整、多漂亮!"

"人家思玥又考了100分,你才考了95分,刚上小学就比别人差,以后功课难度大了,你还跟得上啊!"

"听说思玥作文竞赛得了全校第一,你呢?你就是得个第三名,也能让我们脸上有光啊!"

天天听到这样的数落,熙桐脸上的笑容越来越少,也越来越不爱说话了。有一次,熙桐妈妈当着思玥妈妈的面又数落熙桐,思玥妈妈听不下去了,说:"你们家熙桐也很棒啊,上次模型组装赛不是得了一等奖吗?"

"那个有什么用啊!"熙桐妈妈叫了起来,"他就是在这些跟学习无关的事上最来劲了!又不能当饭吃!什么时候他能在学习上跟你家思玥一样有出

息就好了。"说完,她又叹气:"不过也怪不得孩子,你们两口子都是高智商人士,我和他爸是粗人,文化程度低,孩子智商自然不如你们家孩子。"

听了妈妈的话,熙桐的眼泪在眼眶中直打转,默默地转身走开了。

从那以后,无论什么竞赛,熙桐都不愿意参加了,也不愿意和思玥做好朋友了。

熙桐畏惧竞赛、不愿意和思玥做朋友,实际上是自卑心在作怪。而造成这种局面的不是别人,正是熙桐的父母。

要说自卑，熙桐的父母心中也有自卑：因为学历不如思玥父母，所以他们就感觉低人一等，这个从熙桐妈妈对思玥妈妈所说的话中可以看出。而这种根深蒂固的"低人一等"的想法，影响了他们对自己孩子的正确评价，认为熙桐理所当然不如思玥，即便是模型组装赛得了一等奖，那也是"不务正业"。由于看不到孩子的长处，他们总是对孩子不够满意，因此事事否定、指责，最后让孩子萌生出自卑之心。

事实证明，相较于打击和批评，孩子更需要的是鼓励和赞美。自信心的培养应该建立在对自我能力的正确估量的基础之上，过高的估量会导致孩子自负，而过低的估量则会让孩子产生自卑。所以帮助孩子正确认识和估量自己的能力是树立自信心的基础，但如果父母对孩子的能力视而不见，甚至挖苦打击，就会让孩子无法了解自己的优势和长处，自然也就无法树立自信，从而形成自卑心理。

我们都知道，儿童由于年龄和经验的限制，对自身能力无法做出正确的评估，而是习惯于从大人的态度及评价中形成对自我的判断。因此，要想让孩子成为一个果敢、自信的人，就要毫不吝惜地给予他们表扬和肯定，强化孩子对自我长处与优势的认识，多给孩子正面的鼓励，尽量减少对他们的挖苦、讽刺与责骂。

 让个子矮的孩子远离自卑

泽诚9岁半了,身高只有115厘米。泽诚的妈妈带他去儿童医院检查过,骨密度显示正常,孩子不缺钙。医生说可能是孩子发育比较晚,无须过多担心。可妈妈发现,孩子最近因为身高问题出现了一些自卑情绪,这让妈妈很焦虑。

泽诚原本有个好朋友,名叫子维,可最近他不怎么愿意跟子维一起玩。妈妈问他为什么,他说:"子维太高了,我讨厌他那么长的脖子!"这种情况老师也反映过,说泽诚不愿意参加集体活动,尤其不愿意和高个子的孩子一起玩耍,甚至连话都不愿意和他们说。

爸爸妈妈带泽诚回老家,亲戚看见泽诚都喜欢摸他的头,他却很生气。爸爸批评了他,说他没有礼貌,他哭了很长时间。晚上睡觉时,妈妈悄悄问泽诚:"你为什么不喜欢大人摸你的头?那是大人在表达对你的喜爱。"他回答:"我本来就矮,老是被摸头就更长不高了。"

春节期间亲戚串门,孩子很多。好几次,妈妈看见泽诚站在台阶上和表兄妹们说话,否则就不愿意开口,这说明孩子很在意自己的身高。看着泽诚因为身高而显现出和年龄不相符的忧郁,妈妈很是担心。

泽诚喜欢站在台阶上和别人说话，不喜欢和高个子的孩子交朋友，这些行为都表示他不仅在意自己的身高，还因为身高产生了烦恼与自卑。

调查显示，个子矮小的孩子通常性格比较内向，缺乏自信，而且情绪也较一般孩子更容易产生波动，因为他们内心很敏感，非常在意别人的眼光和评价。受此影响，这些孩子的社交能力与活动能力也比一般孩子弱，不愿意与人交往，尤其不愿意与同龄人交朋友，甚至会变得孤僻离群，还会影响学习成绩。

因此，矮个子孩子的心理问题不容忽视。很多家长在发现孩子比同龄人矮小时，往往急于带孩子去医院寻求长高的良方，而忽略了从心理健康角度对孩子进行疏导。所谓健康，不仅指身体没有疾病，还意味着心理状态积极向上。因此，遇到这种情况，家长一定要及时疏解孩子的心情，稳定其情绪。要告诉孩子每个人的发育时间不同，有早有晚，只要营养均衡、加强锻炼，就可以长得高高壮壮。而且，锻炼不仅有助于孩子长高，还能让他们感觉到身体的力量，有助于培养他们乐观积极的生活态度。

或许有父母会问："假如过了发育期，孩子依旧没有长高怎么办？"面对这种情况，家长需要多花些心思，帮助孩子克服因身高带来的自卑感。首先，作为家长，不能总在孩子面前谈论高矮，而是要让他们明白，世间万物都各不相同，个子有高有矮是正常现象。其次，父母要学会转移孩子的关注点，不要让他们的注意力总是集中自己的身高上。要帮助孩子发掘他们自身的闪光点，用热情与赞美激发他们的自信心，并且可以用讲故事的方式让他们明白：个子矮小并不代表低人一等，只要充满爱心和智慧，一样是内心强大、受人欢迎的孩子。孩子渐渐就会明白：人的价值并不以身高为限，而自己有很多长处可以弥补身高的缺陷。这样，即便发育期过后仍然比同龄人矮小，孩子也能坦然接受、乐观面对。

 过度保护，不利于培养孩子的自信

　　凡凡的爸爸是"三代单传"，凡凡出生后，那就是"四代单传"，全家上下对这个宝贝疙瘩真是"含在嘴里怕化了，捧在手心怕摔了"。

　　凡凡在家中的地位，简直就是"小皇帝"，无论什么事，都不需要亲自动手。甚至只要一个眼神，爷爷奶奶、爸爸妈妈就做好了，捧到孩子面前。不论凡凡走到哪里，身后至少都有一个大人贴身跟着，怕他摔倒。无论孩子想做什么，大人首先担心的是孩子磕了碰了。在海边，凡凡想玩沙子，奶奶赶紧拦下："不行，那太危险了，万一沙子进到眼睛怎么办？"在小区里，凡凡看见小朋友在跳台阶，他也想跳，爷爷赶紧制止："不行不行，万一磕破了膝盖，那可不得了。"凡凡上幼儿园了，妈妈对老师再三交代："尽量让孩子少活动，万一出汗了，孩子不晓得脱衣服、穿衣服，感冒了就糟糕了。"或许在家中，爸爸妈妈也跟凡凡说过类似的话，因此凡凡在幼儿园一般不太愿意参加活动，也不愿意和小朋友们一起玩。

　　渐渐地，凡凡变得越来越不合群，小朋友们一起玩耍的时候，他总是远远地看着，眼中充满了羡慕和落寞。如果有小朋友去拉他的手，让他一起加入，他会一个劲地往后退缩，嘴里直嚷："不行，我不要！我害怕！"

像凡凡这样的孩子在我们身边并不少见，父母出于关爱而对孩子呵护备至，任何存在危险的事情都不让孩子参与，认为这是在保护孩子。殊不知，正是这种过度保护剥夺了孩子成长的快乐，造成了孩子懦弱、自卑的个性。正如"知心姐姐"卢勤所说："现在的孩子真的很可怜，家长们过度的关注和保护已经让他们变得越来越无能。"

过度保护实际上等同于过度限制，束缚孩子的手脚，不给孩子体验的机会，孩子的各项能力自然无法提高。而且，一个习惯了在父母羽翼下生活的孩子，一旦离开父母的怀抱，就会变得胆小、怯懦、害羞，不敢尝试新的事物，不敢结交新的朋友，不敢表现自己，从而失去很多学习与锻炼的机会，这对培养孩子的自信心是十分不利的。尤其当孩子看到同龄人个个比自己能干、出色时，就会更加缩手缩脚、不敢尝试，从而产生严重的自卑心理。

因此，作为父母，对孩子的关爱和保护一定要把握好尺度，该放手时要放手，让他们在日常生活中学会做事，在做事过程中提高各项能力，如运动能力、交往能力、认知能力、游戏能力以及动手能力等。家长可以专门设置一些孩子能力范围内的任务，鼓励孩子独立完成，让他们体验到成功的喜悦，在提高能力的同时，提升对自我的评价，从而增强自信心。

 当心！穷养的孩子容易自卑或短视

"妈妈，我想买那个文具盒。"旭东指着日本进口的文具盒——上面画着的哆啦A梦是他最喜欢的卡通形象，怯怯地对妈妈说。

"不行！"妈妈立刻拒绝，随手拿了一个普通的文具盒，"这个就行了，那个太贵。"

旭东沉默了，他已经不记得这是第几次被妈妈拒绝了，虽然旭东已经预料到，但心里还是有些难过。妈妈开始絮絮叨叨地说起来：爷爷奶奶身体不好，家里开销太大，爸爸妈妈工资又不高，所以该节省的地方一定要节省，花钱不能大手大脚。以前家里还经常吃不饱饭，现在的条件已经好得太多了。

其实，旭东家的条件并不差，妈妈这样说、这样做，是有原因的。她觉得，孩子要多吃苦、多磨炼，才能成大器。以前人们常说："寒门出贵子。"只有艰苦朴素、吃苦耐劳，才能在将来成就一番事业。所以她坚持穷养孩子，即便家里条件好，也不能让孩子知道，更不能让孩子养成大手大脚的习惯。

妈妈的一番苦口婆心果然起了作用，旭东"懂事"地对妈妈说："我知道了，我们家很穷，所以要节省，不能浪费，也不能跟同学攀比。"

妈妈听了，高兴地笑了。

开学后，同桌看见旭东的文具盒，大叫起来："你的文具盒好丑啊！"旭东的脸一下子涨得通红，迅速将文具盒塞进抽屉里。

后来，旭东经常因为衣服太旧或者文具用品太简陋而被同学嘲笑。渐渐地，旭东变得自卑、不合群、不爱说话，也不愿意跟同学交往了。

孩子要穷养，这是近年来随着中国经济发展、物质生活条件越来越好而出现的一种教育观点：坚持孩子要穷养，因为"天将降大任于斯人也，必先苦其心志，劳其筋骨，饿其体肤，空乏其身"，只有经历过贫穷与困苦，孩子才能懂得艰苦奋斗、奋发图强；而优越的物质条件会让孩子养成好逸恶劳、不思进取的坏习惯，不利于孩子的成人和成才。因此，即便是一些经济条件很好的家庭，家长也会刻意在孩子面前"藏富""哭穷"，就是为了激励孩子克制物欲、自立自强。

然而，过度的"藏富"和"哭穷"会给孩子造成巨大的心理压力，一个因为贫穷而在别人面前抬不起头来的孩子内心不但会充满悲伤，还会充满自卑和怯懦。不要认为孩子小，不懂贫富差距。每个人都有从众心理，如果自己与周围的环境格格不入，因为贫穷总是遭人耻笑，孩子就会觉得低人一等，不愿意参加社交活动，甚至会嫉妒、怨恨比自己条件好的同学，对世界和他人怀有恶意。

同时，刻意被穷养的孩子更容易短视，做事没有格局。因为自卑，所以无论做什么事都畏首畏尾，不敢去尝试。巨大的心理压力还会影响孩子的智力发展，影响他的探索欲和求知欲，从而影响学习成绩。事实证明，物质上的贫穷也容易造成孩子精神上的匮乏，从小被家长灌输"贫穷"概念的孩子长大后很难摆脱金钱的阴影，无论做什么事，他们首先想到的都

是金钱，而忽略了事情本身的意义。穷养造成的内心缺失和不安全感，会让孩子失去自信，做人做事都很难成功。

因此，有句话说得好："富养穷养，不如心养。"在物质上，家长要从小教育孩子树立正确的价值观，既不要奢侈浪费、攀比摆阔，也无须刻意装穷、斤斤计较。古人云："仓廪实而知礼节，衣食足而知荣辱。"物质上的满足只是表面的，更重要的是它带给孩子的是内心的安全感和自信心。即便家境真的贫穷，也要告诉孩子："爸爸妈妈会努力工作，保障你生活和学习的费用，不需要你担心。但将来你一定要为自己更好的生活而奋斗。"总的来说，孩子只有内心安定了，身心才能健康地发展。

 受挫后，孩子变自卑了怎么办

6岁的沫凡和7岁的汪洋是表姐妹。有一次家庭聚会时，大人们逗沫凡："来，沫凡，给我们唱首歌！"

沫凡一开始有些害羞，妈妈轻声鼓励她说："你不是最爱唱歌吗？老师还经常表扬你呢。唱给他们听听，叔叔阿姨们也会表扬你的。"

在妈妈的鼓励下，沫凡开口唱起歌来。唱到一半，姐姐汪洋大声说："你唱得真难听！你听听我唱的吧！"说完，汪洋就开始放声歌唱起来，一边唱，一边跳，大人们的目光都被汪洋吸引了，纷纷鼓掌叫好。

沫凡呆呆地看着她表演，眼神里充满了失落。妈妈轻轻地揽住她说："等汪洋唱完了，咱们再唱，好不好？"

沫凡摇摇头，妈妈拉住她的手："汪洋姐姐在学校里是学过唱歌的，而且她还比你大一岁，等你长到她这么大，一定会唱得和她一样好听。"

沫凡看着妈妈，还是摇摇头，低声说："妈妈，我再也不想唱歌了。"

"为什么？"妈妈吃了一惊，"我们好好唱，唱得比汪洋姐姐还要好！"

"我不要唱！我就是不要唱！"沫凡突然朝妈妈怀里一扑，眼泪汪汪地说，"妈妈，我想回家！我再也不要来这里了！"

沫凡被伤了自尊心之后，本能地选择了逃避，这是孩子自我保护的一种方式，也是内心自卑的一种表现。很多孩子在受挫后都会出现这样的情况，有时是暂时的情绪低落，有时则是长时间缺乏自信。这是一种心理障碍，家长要多费一点心思，才能帮助孩子消除"输不起"的障碍。

自卑情绪，本质上是由于过去不成功的经历而产生的一种不愉快的体验，受挫后的孩子为了避免再次遭遇这种体验，就会在相同或类似情境发生时，下意识地选择退缩或逃避。因此，要想让孩子克服自卑，就要增加孩子成功的体验。比如上文的沫凡，妈妈不要急于让孩子再次在大家面前表演唱歌，而是鼓励孩子先在妈妈面前表演，然后在家人面前表演，最后再在众人面前表演。逐步增加"观众"的人数，并事先跟大家讲好，每一次都要给予沫凡热烈的掌声和鼓励。当沫凡成功的体验多了，自信心就会逐步建立起来，而先前的挫败感和自卑感也就会逐渐消失。

在日常生活中，家长也要尽可能地利用各种机会培养孩子的抗挫力。有的孩子特别在意输赢，有的孩子脸皮特别薄，一点点失败就觉得难以承受。针对这一类孩子，家长首先要做的就是帮助孩子提高对挫折和失败的抵抗力。有的家长为了增强孩子的自信，有意在比赛或游戏中输给孩子，这是一种非常错误的做法。失败是人生中不可避免的经历，一个从未尝过"输"的滋味的孩子，今后遇到挫折会更加难以承受。因此，家长在和孩子玩游戏时，不要故意输给孩子，而是要让孩子知道有输有赢才是真实的人生，要教导孩子以一颗平常心对待成败：失败时不气馁，成功时不骄傲。

当然，当孩子尝到失败的苦涩时，最需要的还是大人的宽慰和指导。如果孩子某件事没做好，非常沮丧、无力，家长千万不要焦躁和生气，更不要责骂孩子："真没用！"因为类似的话听得多了，孩子也会以此评价自己，认为自己无用、无能，从而会变得更加自卑。

 强调输赢或分数，会诱发孩子的自卑情绪

"小优，明天幼儿园举行的故事大王竞赛，你准备好了没有？怎么又在看电视？"妈妈气冲冲地责问小优。

小优抬起头看看妈妈，欲言又止。

"快点去准备啊！就讲《海的女儿》好了，你最熟悉的童话故事。"妈妈催促道。

"我……妈妈，我不想参加了。"小优吞吞吐吐地说。

"为什么？"妈妈吃了一惊。

"不为什么，就是不想参加了。"小优低着头回答。

"不行，你必须得参加！当初是你说要做小主持人的，所以妈妈才花了那么多钱送你去口才培训班。上次故事大王竞赛你才得了二等奖，这次说什么也得拿个一等奖回来，才对得起妈妈为你花的那么多钱啊！"妈妈用不容置疑的口气说。

"可是我……"小优话还没说完，就被妈妈拉进房间，连哄带骗地按在椅子上："快点背，明天得了一等奖，妈妈给你买你最喜欢的粉红色公主裙。"

"妈妈，我不去，我不想去！"小优哭丧着脸哀求妈妈。妈妈生气

了："那你说，为什么不想去？"

"因为……因为我怕我拿不到一等奖，"小优声音越来越低，"我怕你会生气，你一生气就会骂我。"

"你不去我更生气，真没出息！还没参加比赛就要打退堂鼓，有什么用！"妈妈没好气地回答。

"反正……"小优想了想，低声却很坚决地说，"反正我就是不去！"

小优在竞赛前打退堂鼓，很明显是自卑心理在作怪。上一次竞赛得了二等奖，妈妈没有表扬，反而责骂了小优，于是在小优心中就留下了"第一才是好的，拿不到第一就要挨骂"的阴影，自卑就由此而来，并伴随着退缩和畏惧的情绪。而造成这一切的"罪魁祸首"不是别人，正是求胜心切的小优妈妈。

现代社会中，望子成龙、望女成凤的父母比比皆是。因为害怕孩子在激烈的竞争中成为人生输家，所以很多父母在孩子小时候就有意培养他们的竞争意识，期望自己的孩子能够赢在起跑线上。然而父母求胜心切，过于看重输赢和分数，恰恰会导致孩子心理压力过大，因为害怕输给别人，在竞争开始前就产生消极情绪，甚至选择退出竞争。为了避免出现以上情况，家长应该做到以下两点。

1. 不给孩子提超出其能力范围的要求

家长应该知道，培养孩子适当的好胜心是必要的，因为这是激发孩子成长进步的动力。但是，不能一味地强调输赢或分数，因为那样会让孩子背上沉重的心理包袱，一旦失利或失败，就很可能情绪低落，变得悲观自卑，甚至自暴自弃、一蹶不振。所以，在日常生活中，家长切不可有意无意地给孩子传递超出其能力范围的高标准、高期待，让孩子因为害怕达不到家长的要求而不敢去尝试。

2. 不过分强调结果，引导孩子享受过程中的乐趣

家长不过分强调分数和名次，孩子也就不会特别在意输赢，而会将更多的注意力放在游戏或竞赛的过程中。

家长常常会用奖励的手段来激发孩子的上进心，当孩子取得好名次或者赢得一场比赛时，家长通常会毫不吝啬地给予孩子物质或精神上的奖励，比如赞美或给孩子买各种各样他们喜欢的东西。这无可厚非，但在无形中给孩子灌输了这样一种错误观念：赢了比赛就是人生的赢家，而输了就是一件可耻、难过的事情。尤其当孩子因为结果不理想受到责骂时，更容易强化这种观念。于是为了避免失败，他们学会了逃避，自卑的性格就是这样形成的。

因此，要想改变孩子"输不起"的心态，让他们不再自卑，首先家长要转变观念和思想。淡化名次和输赢，坦然地接纳孩子的成败，以平常心面对一切竞技和比赛。孩子取得成绩，可以鼓励，但不要夸张；孩子失败，也要用怀抱接纳他的不足，激励他保持一颗进取之心。只有当孩子感受到父母无条件的接纳时，才能学会用平常心对待输赢和名次，才能笑对人生遇到的一切风波与挫折。

 **延伸阅读：当心肥胖儿童的自卑情结与社交回避**

很多家长认为孩子胖乎乎的才可爱，更有些家长认为孩子胖一些身体才更健康。但事实证明，这种想法是错误的。首先，健康与否与胖不胖无关，每个年龄段孩子的身高与体重都有一个标准，家长可以参考《中国儿童标准身高体重对照表》，假如孩子严重超出或低于这个标准，家长就需要注意。其次，儿童过于肥胖不仅会影响身体健康，还会给孩子带来心理问题。儿童心理研究的临床医学表明，孩子体重超标，容易导致孩子自我评价过低，产生自卑、焦虑、抑郁等情绪，从而引发社交恐惧或社交回避。

孩子在与同龄人交往时，总免不了做一些竞技类游戏，过于肥胖的孩子往往不如其他人灵敏，因此经常遭到排斥。这种排斥会令肥胖的孩子伤心，过度自责，变得怯懦、退缩。渐渐地，他们不再喜欢和同龄孩子一起玩耍，而更喜欢"单独行动"，因为这样可以让他们感觉更自在。于是他们会选择打游戏或看电视，习惯和虚拟世界中的人物交流，从而逐渐封闭自己的心灵。

肥胖儿童因为身材臃肿、行动不灵活，经常遭到其他孩子的嘲讽和取笑，虽然孩子之间的玩笑有时并非恶意，但对于被取笑的儿童来说，会特别在意语言中的贬损意味，在心中留下难以抹去的伤痕。这种伤害或许会伴随他上学、工作，甚至一生。即便孩子长大后体型恢复正常，小时候受过的伤害依然会隐隐作痛，从而影响他的正常生活。

所以，为了不让孩子长成自卑的肥胖儿童，家长在生活中要注意几点。首先，要培养孩子养成良好的饮食习惯，按时吃正餐，不要加餐，不要吃零食，一定要让孩子按时吃早餐，不吃早餐是造成肥胖的原因之一；其次，要给孩子玩耍的时间和空间，增加他的运动量，小孩子也不要总待在室内，有条件就到户外活动，稍大一点就可以带孩子一起运动，或者放手让他去参加小朋友的群体游戏，帮助孩子养成良好的运动习惯；最后，如果孩子的体重已经超标，一定要注意控制体重并科学减重，逐渐使体重与身高相适应，并在心理上对孩子进行营养教育，加强自我管理，帮助孩子合理控制体重。

第六章

孩子也有焦虑感：对症下药，让孩子告别"压力山大"

 小测试：孩子考试焦虑表现自测

你的孩子是否患有考试焦虑症？观察孩子是否有下列表现，并在答案为"是"的题前打"√"。

测试内容

1. 在考试前不想吃东西。
2. 越临近考试，越觉得自己准备不充分，总感觉有遗漏的地方。
3. 特别害怕老师搞突然袭击，在没有复习的情况下，突然考试特别容易紧张。
4. 等待发试卷的那段时间，感觉最难熬，身体甚至有点僵硬。
5. 考试答题时，会对自己的答案产生怀疑，越看越觉得自己的答案是错误的。
6. 考试时，不喜欢监考老师来回走动，当监考老师注视自己时，就会手心出汗，无法安心答题。
7. 考场中的杂音（如日光灯中电流的声音、电风扇的转动声等）会影响考试心情，令人感到烦躁。

8. 考完试后，特别想知道答案，但又害怕跟同学对答案。

9. 考试结果出来前特别不安，想问老师，却又不敢。

10. 如果考试结果不理想，觉得很没面子，不想跟同学交流。

11. 心情随着考试结果起伏很大，考得好，就会很开心；考得不好，就会不开心，觉得自己很没用。

12. 希望学校能废除考试，觉得要是永远没有考试该多好！

13. 觉得成绩好的孩子更聪明，很羡慕成绩好的同学。

14. 特别在意分数，如果考试分数低，情绪就会很低落，甚至哭泣。

15. 非常关心别人的分数，尤其是好朋友的分数。假如自己考得不如对方，就不愿意让对方知道。

16. 每次考完试都会发现原本有很多自己知道答案的题目，但因为紧张而答错了。

答案解析

这十六个问题涉及孩子考试前、考试中以及考试后的各种情绪与表现。回答"是"的情况越多，证明孩子考试焦虑越严重，需要引起家长的关注并及时对孩子进行心理疏导。

 ## 孩子焦虑分五种类型

晓音6岁了，上幼儿园大班，一直是个乖巧、文静的小女孩，很受老师和小朋友的喜欢。有一次午睡时，晓音尿了床，老师并没有批评她，帮她换了干净的衣裤，她却特别不好意思。老师对她说："没关系的，很多小朋友都会尿床。"

"你能保证不告诉任何人吗？"晓音轻轻地问老师。老师笑了笑，点点头。

下午放学时，奶奶来接晓音，老师轻声对奶奶说："这是晓音换下来的衣裤，已经洗干净了，不过还没干，回家再晒一晒。"

"什么？"奶奶一听，声音提高了八度，"晓音尿床了？从三岁半开始，她就没尿过床，真是的，越大越没出息了！"

"晓音尿床！晓音尿床！"旁边几个还没走的孩子捂着嘴笑。晓音小脸涨得通红，眼泪在眼眶里直打转。

"以后干脆中午不要睡觉了！"奶奶一边从老师手中接过湿衣裤，一边大声说。

"我们今后也会注意这个问题，会经常提醒孩子的，午睡还是要睡

的。"老师对奶奶说。

从那之后，晓音再也不肯在幼儿园里睡午觉了。不管老师怎样劝慰晓音，晓音都不肯闭上眼睛，而且每隔二十分钟左右就要上一次厕所。后来甚至上课半途也要举手上厕所，可到了厕所却并没有便意。如果老师没有立刻允许她去厕所，她就会表现出非常紧张不安的样子，直到上完厕所才能安心下来。

晓音的这种表现是典型的焦虑症，是由奶奶的大声批评而造成的精神紧张。儿童焦虑症是一种常见的精神障碍，通常表现为紧张、焦躁、担心、恐惧，甚至神经质地重复做某一件事情或某个动作。焦虑不仅会带给孩子精神上的痛苦，导致抑郁、自卑、孤僻等心理疾病，还会影响孩子的智力发育。因此，作为家长，一旦察觉到孩子有焦虑情绪，就要及时加以疏导，帮助孩子重建正常、健康的情绪。

从理论上讲，儿童焦虑症一般可分为以下五种类型。

其一是素质性焦虑。有这种焦虑情绪的孩子，通常神经系统发育不是很健全，对周围的环境非常敏感，因此，即使极其细微的变化，也能引起他们情绪上的不安。

其二是环境性焦虑。顾名思义，这种焦虑情绪是由于外界环境对孩子施加精神压力产生的。如果家庭中父母关系不和睦，学校小朋友之间关系不友好，孩子长期处在这种环境中就容易紧张、烦躁，极易产生焦虑情绪。

其三是境遇性焦虑。这类焦虑通常是由某个突发事件引起的，比如在家庭发生重大变故时，孩子就会担心未来可能发生的种种不好事件，因此心理上压力过大，导致情绪不稳定。

其四是期待性焦虑。如果父母对孩子要求过于严格或者期待过高，超出孩子的能力范围，就可能导致孩子产生期待性焦虑。因为担心达不到父母的期望和要求而受到斥责，孩子就会感到紧张、害怕，甚至产生羞愧情绪。上文晓音的焦虑就是属于期待性焦虑，因为害怕自己再次尿床或尿裤子而遭到奶奶的责骂和小朋友们的嘲笑，因此更加紧张不安。

其五是分离性焦虑。当孩子与熟悉或亲近的人分开时，孩子会哭闹、情绪低落、郁郁寡欢等，这都属于分离性焦虑。尤其当孩子与父母分离时，这种焦虑会更加明显。为了表达对这种分离的抗议，孩子有时甚至会采取比较激烈的手段，比如逃学、自残，就是为了得到父母的关注。

无论哪一种焦虑，都会对孩子的身心产生不良影响，要引起父母的足够重视。尤其是那些平时表现得温顺、乖巧，属于大人心目中的好孩子，由于平日特别注重大人的正面评价，因此也更容易产生焦虑情绪，需要家长特别注意。

 克服分离焦虑,从家长做起

瑾瑜3岁了,妈妈打算重回职场,决定把瑾瑜送进幼儿园。可是两年多来,瑾瑜一直是妈妈带,一想到要把瑾瑜送到幼儿园,妈妈就充满了担忧。

"幼儿园那么多孩子,老师能照顾好瑾瑜吗?"

"要是瑾瑜想妈妈了,想得哭了,该怎么办?"

"瑾瑜比一般孩子瘦小,胆子又小,万一受欺负了,怎么办?"

"瑾瑜还不会自己吃饭呢,在幼儿园里饿了、冻了,怎么办?"

……

还没进幼儿园的大门,妈妈已经将各种有可能发生的情形想象了千遍万遍,越想越担心。爸爸安慰她说:"我们帮瑾瑜找的是最好的幼儿园,老师都很专业,你放心好了,绝对不会有你所说的情况出现。"

可是爸爸的宽慰并不能缓解妈妈心中的担心和忧虑,瑾瑜入园的日子越来越近,妈妈的情绪也变得越来越焦虑。瑾瑜很敏感地察觉到了妈妈的焦虑,也变得不安起来,特别黏妈妈,一刻也不愿和妈妈分开。瑾瑜的表现让妈妈更加心疼,她常常抱着孩子,一个劲地亲吻孩子,好像不久就要远隔千里一般。

瑾瑜入园的前一晚，妈妈一夜没睡好。第二天，爸爸开车将瑾瑜送到幼儿园，刚把瑾瑜交到老师手中，原先说好不下车的妈妈就冲了下来，一把抱住瑾瑜："瑾瑜，妈妈再亲一下。"

"妈妈不要走！"瑾瑜搂住妈妈的脖子，大哭起来。妈妈的心都要碎了，紧紧地搂着孩子，眼泪扑簌簌地往下掉。看见妈妈哭，瑾瑜越发焦躁，一边大哭，一边拼命挣扎："我要回家！我要跟妈妈回家！"站在一旁的老师和爸爸看到这"惨烈"的景象，劝慰了半天都没有效果，最后只得让瑾瑜跟妈妈暂时回家。

每到孩子入园的时候，"分离焦虑症"这个词就会反复被提及。焦虑的不仅是孩子，还有大人，而大人的这种焦虑情绪会反过来加重孩子的不安和恐惧。

分离焦虑是儿童最常见的情绪障碍，约10%的孩子患有不同程度的分离焦虑症。与最亲近的人分开，到一个陌生的环境，对未知的恐惧以及自身胆小、羞怯、依赖性过强等因素，都是造成孩子分离焦虑的主要原因。要想帮助孩子克服分离焦虑，父母要处理好以下几方面的问题。

首先，父母要正确认识与孩子的分离在所难免。正如作家龙应台所说："所谓父女母子一场，只不过意味着，你和他的缘分就是今生今世不断地在目送他的背影渐行渐远。"不要将分离的感伤与对未知环境的焦虑表现在脸上，更不能传达给孩子；不要过于担心孩子无法适应陌生环境，或者对孩子不再依赖自己而觉得失落和委屈。正确看待与孩子的分离，父母要学会缓解自身的焦虑，这样才能避免将孩子带入分离焦虑情绪之中。

其次，要有意识地培养孩子的自立和自理能力。让孩子独立完成与年龄相应的"工作"，如自己吃饭、穿衣、洗手等，这样孩子上了幼儿园就能更快、更好地适应幼儿园的生活，同时也能减轻父母的担忧。

最后，儿童分离焦虑出现的最主要原因是孩子失去了依恋对象，产生了不安全感，而要想消除这种不安全感，最好的方式就是为孩子寻找新的依恋对象。这新的依恋对象可以是老师，也可以是小朋友，所以在孩子学龄前，父母就要有意识地扩大孩子的交友面，带孩子多和小朋友接触，也适当地接触陌生人，以消除孩子入园时对陌生环境以及陌生人的恐惧感，帮助孩子更快地适应环境，与老师或小伙伴建立起新的依恋关系。

 ## 断奶不科学，也会引发宝宝焦虑

一转眼，天天一周岁了。奶奶对妈妈说，该给天天断奶了。正好妈妈要到外地出差十天，于是便计划利用这个机会给天天断奶。

第一天晚上，妈妈打电话回家，虽然奶奶一直说"没事没事，宝宝好得很"，可妈妈分明听到了电话中传来的孩子的哭声。

第二天，妈妈涨奶涨得难受，可她更担心天天：一直吃惯了母乳的他，突然吃奶粉，能吃得习惯吗？接下来的两天里，妈妈涨奶涨得胳膊都抬不起来了，甚至半夜发烧进了医院。爸爸偷偷打电话告诉妈妈，天天什么都不肯吃，奶瓶放到嘴里就吐出来，整夜哭。妈妈恨不得立刻飞回家，回到宝宝身边。

不料第四天一大早，奶奶就打电话来给妈妈报告好消息："天天终于肯吃奶粉了！"妈妈拿着手机喜极而泣。

十天的时间终于过去了，妈妈回到家中，天天并没有像想象中那样扑到自己怀中，而是一下子躲到了奶奶怀里。妈妈突然心头一酸，感觉像是自己的孩子被别人抢走了一样，于是硬将天天拉过去搂在怀里。天天放声大哭，哄了很久，或许是妈妈怀中那熟悉的气味让他感受到了妈妈的味

道,哭过后,天天突然变得极度黏妈妈,一刻也不肯跟妈妈分开,甚至每天早上妈妈上班,他都哭得声嘶力竭、焦躁不安。

专家指出,断奶不科学也会引起孩子的焦虑症,天天的表现就是典型的断奶不科学而导致的分离焦虑症之一。

其实很好理解,对于吃母乳的孩子来说,母乳不仅是他的口粮,更是他的生活方式:他的吃、睡、心理需求等各方面都和母乳息息相关。突然断奶,不但掐断了他的口粮,更是在毫无商量的情况下,硬生生地改变了他的生活方式和习惯,孩子不但在身体上难以适应,心理上也会出现极大的落差,从而引发焦躁不安的情绪。

所以,什么时间断奶、如何断奶,不仅关系到孩子的营养健康问题,还影响着孩子的心理健康和情感需求。世界卫生组织建议断奶最好在孩子一周岁之后进行,特殊情况甚至可以推迟至两周岁以后。正如《希尔斯育儿经》中所说的:那些非常自信、安全感非常强的孩子,通常都是断奶较晚的。

那么,到了应该断奶的时期,该如何选择正确的方式断奶呢?中国老一辈人认为,强迫性断奶最简单、方便,就是突然让妈妈与孩子分离,过几天就好了。事实上,突然性的强迫断奶,不但会给妈妈带来涨奶的痛苦,更会让孩子的身心遭受巨大痛苦。妈妈是孩子最亲密的依恋对象,妈妈的乳房是哺乳期的孩子最大的安全感来源,突然的分离和断奶,会让孩子产生一种被抛弃的恐惧。虽然孩子无法用语言来表达这种恐惧和痛苦,但他们会用日夜啼哭来发泄内心的情绪。这种情绪并不一定会像老一辈人所说的那样"过几天就好了",很可能会影响孩子很长时间,甚至对孩子日后的性格养成也产生不良影响。

科学的断奶方式并不提倡母子隔离断奶,而倡导自然离乳。断奶时,不要强行将妈妈与孩子阻隔开来,而要将断奶的过程拉长,循序渐进地让孩子离开母乳。在孩子尚未断奶时,先让孩子尝试一些奶制品和辅食,并逐步增加这些奶制品和辅食的分量,同时减少母乳喂养。断奶可以先从白天开始,因为白天孩子更容易被外界精彩的事物所吸引,在玩耍和探索中对母乳的想念与依赖会比夜晚少。然后再减少夜晚的哺乳次数与时间,只要孩子能安稳地入睡,就证明所选择的断奶时机是正确的,可以继续进行下去。

  要记住:断奶期间,孩子更需要妈妈的关注与爱抚,虽然断了母乳,但妈妈的怀抱依然是他安全感的最主要来源。因此,妈妈要用行动让孩子感受到这一点。事实证明,只要孩子对妈妈的依恋得到了充分的满足,断奶对他来说就不再是痛苦和焦躁的事,甚至有的孩子会选择主动离乳。这个时候的妈妈可不要怅然若失。

第六章

 黄昏焦虑症,是每个宝宝都要经历的

下午从四点开始,悦然就变得烦躁起来。奶奶给他泡了点牛奶饼干,让他坐在桌子旁吃,可他吃着吃着竟然把沾着牛奶的饼干扔得到处都是。奶奶生气地训了他几句,他就大哭起来。奶奶又赶紧哄他,哄了半天,悦然还是哼哼唧唧地哭。奶奶把电视机打开,给他看平时最喜欢看的动画片,可悦然坐在沙发上,将身子扭来扭去,一点也不专心看电视。

"是不是想妈妈了?"奶奶问。悦然想了一下,点点头:"妈妈!我要妈妈回来!"说着,悦然又开始哭起来。奶奶很后悔,觉得自己不该提这个话题,幸好这个时候妈妈到家了。

门一开,奶奶就像见到救星一般,赶紧将悦然交给妈妈:"快点,悦然想你了,你可回来了!"

可是,妈妈的怀抱也没能让悦然安静下来。他昏昏欲睡,可是一点动静就会让他惊醒,然后流露出更加烦躁的情绪。妈妈想读故事给他听,可他抓过书就扔到地上;妈妈想给他吃东西,他也一点不感兴趣,眼神怯怯的,总是要哭的感觉。妈妈很疑惑:悦然究竟是怎么了?这种情况已经持续一段时间了,又不像生病的样子,到底是哪里出了问题呢?

"夕阳无限好,只是近黄昏。"很多人到了黄昏,都会感到疲惫、情绪低落,大人尚且有这样的感受,孩子自然也是如此。尤其是低龄段的孩子,由于他们对外界环境变化的感受比较敏感,黄昏时昏暗的光线容易引起孩子的不适,导致他们情绪低落和不安,这被称为"黄昏焦虑症"。

黄昏焦虑症的发生与孩子的身心发展规律也有很大关系。一岁以后的孩子,由于活动范围的扩大和好奇心的增强,总是手脚不停,忙着探索世界。任何一件事物都能引起孩子的好奇心和探索欲,即便是一只抽屉,也能让孩子翻上半天。玩着玩着就忘记了时间,尤其是错过午睡的孩子到了黄昏就会显得疲惫。然而这时,大人们陆续回到家中,周围嘈杂的环境又无法让他们安静地入睡,于是孩子的情绪就会变得焦躁不安,甚至狂躁易怒,很不听话。

黄昏焦虑症是每个孩子都会经历的,大人不必因此而感到紧张。但是如果因为孩子不听话而采取训斥或责骂的方法是绝对不可取的,更不能用打骂的粗暴手段来对付孩子的哭闹。改善孩子的生活作息习惯是最主要的,要让孩子该睡的时候睡,该玩的时候玩。不能因为孩子贪玩而影响正常的休息时间,午睡尤其要保证,不能因为某些突发状况而取消孩子的午睡,从而导致作息时间不规律。

如果孩子正在经历黄昏焦虑症,那也不要过于紧张,如果哄睡无效,不妨尽量满足孩子的需求,带着他四处走走,给他吃爱吃的零食,让他看爱看的动画片等。如果孩子哭闹不止,切勿压制,尽量让孩子将内心的情绪发泄出来。总之,黄昏焦虑症也只是一种正常的情绪反应而已,只要找出孩子焦虑的原因,妈妈就能找到安抚孩子的方法,让他的焦虑情绪得到缓解。

 宝宝从夜间恐惧到睡眠焦虑

"安易,我们睡觉吧,好不好?"妈妈看了看手表,已经八点半了。

"不好!"安易很快地摇了摇头,"我还要再玩一会儿。"

"那就再玩十分钟,然后我们上床睡觉。好不好?"妈妈说。

安易没有理会妈妈,可到了八点四十分,当妈妈试图把他抱上床时,他开始哭起来。

"我不要睡觉!我不要睡觉!"安易一边哭,一边喊。

"不睡觉的话个子长不高,会变成小矮人的。而且也会变笨,像笨笨熊一样。"妈妈正哄着安易,这时爸爸很生气地说:"每天睡觉都要搞事情,哪有像你这样的孩子!再不睡觉就把你关到门外去。"

"妈妈!我要妈妈!"安易边哭边挣扎,眼泪鼻涕抹了一身。最后妈妈不得不妥协,陪着安易睡在小床上。可是安易即便在梦中也表现出极度的不安,小眉头紧皱着,鼻子不时地抽动几下,哼哼几声,像在哭泣。突然,安易直直地坐了起来,大叫一声:"妈妈!"妈妈赶紧将安易抱在怀里:"妈妈在这儿呢!妈妈在呢!"安易小小的身子在妈妈怀里瑟瑟发抖,好像看到了令他十分害怕的东西。妈妈紧紧地抱着安易,不停地轻拍他的后背,轻声地安抚他。过了好久,安易才重新安静下来,沉沉地睡去。

"我不困!""我想喝水!""我要尿尿!"……明明到了睡觉时间,可孩子就是不愿意上床,还找出各种各样的借口,相信很多家长都经历过这样的场景。遇到这种情况,大人认为孩子在捣乱、调皮,实际上,孩子只不过在逃避睡觉而已。研究发现,孩子不愿意睡觉、出现睡眠焦虑的一个很重要的原因是对黑暗的恐惧。

夜幕降临,黑暗随之而来,人对于黑暗的恐惧是与生俱来的。对于年幼的孩子来说,更是如此。孩子的想象力正处于飞速发展阶段,但这个年龄段的孩子又往往分不清想象与现实的区别,因此他们认为黑暗中隐藏着各种未知的危险,动画片和故事里的怪物、妖魔似乎就躲藏在看不见的黑暗之中,所以孩子不愿意关灯睡觉,甚至不肯闭上眼睛。如果大人对孩子内心的这些变化并没有察觉,而是一味地指责孩子不听话,就会加深孩子的焦虑情绪。因此,孩子在睡眠时所表现出的烦躁、恐惧和不安其实就是睡眠焦虑。

白天受到不良刺激的孩子也会出现睡眠焦虑。比如父母的责打、老师的批评、同伴的争执、亲人的离世以及各种突发事件的惊吓等,都会影响孩子的正常睡眠。很多孩子因此做噩梦,并且频频从噩梦中惊醒。而噩梦中的不愉快体验则会加深他们对睡眠的恐惧和逃避,令他们的情绪更加焦躁不安。

因此,当孩子出现不愿意睡觉、梦中时常惊醒等表现时,要细心观察、耐心询问,找出孩子逃避睡觉、情绪不安的原因,并帮助孩子解决问题。比如:孩子怕黑,不妨打开灯,让他们看清楚,黑暗中并没有隐藏着所谓的"怪兽和妖魔";尽量不要让孩子看带有恐怖情节的动画片和故事书,睡觉前给他们讲讲温馨的小故事,听听柔和的轻音乐,营造安详舒适的睡前气氛;如果孩子不愿意一个人睡觉,就陪孩子多待一会儿,哪怕是安静地坐着,也能带给孩子足够的安全感。

第六章

 教育别太超前,孩子焦虑减半

"王艳家的孩子在上钢琴课,我今天也去给新盈报了名。"妈妈对爸爸说。

爸爸一听就生气了:"又是舞蹈,又是围棋,现在还给孩子报了钢琴课,你想让孩子24小时不睡觉,天天学习,是吧?"

"你什么都不管,只知道带孩子玩,现在反倒来指责我?你以为我愿意啊?天天不是送孩子去上补习班,就是在咨询补习班,那还不都是为了孩子?"妈妈一听爸爸这么说,就不乐意了。

"孩子还那么小,都没上小学呢,你就不能让她轻松一点?"爸爸试图说服妈妈。

"谁不想轻松啊?可是国内的教育形势如此,你不提前给孩子准备最好的教育,输在起跑线上,到时后悔都来不及!"妈妈振振有词。

"我不要上学!"突然,新盈跑出房间,大喊一声。

"不行!"妈妈斩钉截铁地回答。

"我就是不要上学!我恨你,坏妈妈!"新盈一边叫,一边将书包里的东西扔在地上,还用小脚在上面狠狠地踩。

"再不停下来，妈妈就要打你了！"妈妈用力拉住新盈，新盈哭着拼命挣扎，小手用力拍打着妈妈。妈妈费了好大劲，才将孩子安抚住。可新盈之后一直没有精神，饭吃得很少，早早地就上床睡觉了。睡梦中，孩子惊醒了数次，妈妈一摸额头，似乎有点烫，孩子的手心还有冷汗，长长的睫毛下隐隐有泪痕。妈妈既心疼又疑惑："大家都这样，难道为了孩子好，也是错吗？"

"不让孩子输在起跑线上。"因为这一句话，多少父母和孩子陷入了一种类似"囚徒困境"的恶性循环：人人都在拼命给孩子报兴趣班，孩子小小年纪就背上了与年龄不相称的大书包，开始不停地学画画、舞蹈、音乐……家长恨不得把孩子的24小时都塞得满满的，唯恐孩子学得少了，被别人甩在后面。这就是中国现代的教育焦虑症，并且几乎影响了每一个人。

教育焦虑是一种群体性焦虑，"凡事要趁早"才能将别人比下去，才能拥有更多出人头地的机会，在这种心态的推动下，很多年轻的家长们都陷入了"教育资源抢夺战"中。每年春季开学，大班的家长们总会要求学校提前教拼音、数学、英语等知识，同时买来各种幼小衔接的教本在家里亲自辅导孩子。虽然大家都知道小学教育是零基础教育，可是在这种焦虑症的推动下，家长们还是唯恐自己家孩子学得迟了、学得少了。于是提前教育的现象愈演愈烈，甚至将这种焦虑传染给了孩子。

孩子并不知道教育焦虑，但是家长的情绪很容易感染孩子，沉重的负担也会令孩子不堪重负，从而对学习感到烦躁和恐惧。事实上，不同年龄段的孩子，有不同的学习方式与学习内容，违背身心发展规律的教育不但无法达到预期目的，太过超前还会适得其反。表面上看，填鸭式教育似乎让孩子掌握了很多知识，但这些知识多半是通过死记硬背得来的，孩子

在学习的过程中非但体会不到学习的快乐，也无法灵活运用这些知识和技能。为了适应家长急功近利的教育安排，孩子往往要付出更多的努力和辛苦，这些超出他们思维和能力范围的知识，消耗的不仅是孩子的时间，更是孩子的自信。由于记不住内容或解不出题目，孩子就会对自己的能力产生怀疑，甚至对学习产生厌恶之情。此外，家长过高的期望和要求又会造成孩子思想上的紧张与不安，因而产生焦虑、烦躁的情绪。

所以，当孩子大声喊出"我不想上学"时，就表示情绪上的焦虑和烦躁已经深深影响了他们的身心健康。不妨让我们将步子放慢一点，"风物长宜放眼量"，当我们不再沉迷于教育的功利性时，我们的教育焦虑症才会得到缓解，孩子由此引发的焦虑情绪才会消失。

 你的孩子也有考试焦虑症吗

"文博,吃饭了!"

妈妈把一桌好菜摆上,大声叫文博。可半天没有动静,妈妈一看,文博和衣躺在床上,一动也不动。

"怎么了?生病了?"妈妈吃了一惊,伸手摸摸文博的额头,好像并没有发烧。

"哪里不舒服吗?"妈妈问。文博摇摇头,有气无力地说:"没有,我不想吃饭。"

"那怎么行?吃完饭还要好好看书,明天不是期末考试吗?不吃饭哪有力气看书呢?"妈妈试图将文博拽起来,文博却烦躁地推开妈妈:"考试!考试!能不能不要提这两个字?"

文博小大人似的口气,令妈妈又吃惊又好笑:"好好好!不提考试行了吧?快点来吃饭,妈妈做了你最爱吃的油焖虾。"

平时见了油焖虾狼吞虎咽的文博,这次只吃了几口就停下了:"我去看书了。"

"还没吃饱吧?看书,回头再看好了……"妈妈话没说完,文博就很

不耐烦地把筷子扔下,大声说:"现在不让我看书,等明天考不好了,还不是要挨揍!不吃了!"说完,文博就气冲冲地走进房间,"砰"的一声关上了房门。

"这孩子怎么了?"妈妈吃惊地说。

"还不是你的缘故?天天把考试、成绩挂在嘴边,这下好了,文博肯定有考试焦虑症了。"爸爸半开玩笑地说。

"大环境如此,不重视考试和成绩,将来拿什么跟别人竞争?"妈妈没好气地说,"不过,文博那么小不至于得什么考试焦虑症吧?如果这样的话,以后上初中、高中可怎么办?"

孩子在考前出现紧张、焦虑、烦躁、食欲不佳甚至生病的现象,多半是因为患了考试焦虑症。考试焦虑症多是压力过大所引起的。父母、老师对孩子的要求过高、期望过大都会让孩子紧张不安;对自身期望过大、有攀比心理的孩子也容易产生焦虑情绪。虽然专家指出,适度的焦虑有助于提高学习成绩,但过度焦虑就会对孩子的身心健康产生不良影响。因此,作为家长,如果孩子患了考试焦虑症,一定不能掉以轻心,要及时加以关注并积极干预,帮助孩子建立积极向上的良好情绪。

那么,怎样才能减轻或消除孩子的考前焦虑情绪呢?

首先,家长要控制好自身的情绪。无论多么在意孩子的成绩,家长都不能将自身的焦虑情绪表现出来。尤其在考试前,更要为孩子营造一个轻松的环境。当然,平时也不要把学习、成绩挂在嘴边,有时家长嘴上想让孩子放松,可日常的行为表现却充分流露出焦虑情绪,比如:有意无意将孩子与其他孩子做比较;怕影响孩子学习,刻意减少与亲友之间的交流。当孩子意识到自己的生命中只剩下学习和成绩时,孩子的心理压力就会增大,考前出现焦虑情绪也就不足为怪了。

其次，要帮助孩子树立自信心。这是克服考试焦虑情绪最关键的因素，因为自信每增加一分，焦虑就会减少一分。低龄的孩子，通常很难正确估量和判断自己的能力，因此，父母在每一次考试前，最好根据孩子的实际情况，对孩子提出恰当的要求和期望目标，让孩子可以通过努力达到，但又在能力范围之内。慢慢地，孩子的自信心就会逐渐增强。

此外，还可以通过饮食调节、音乐疗法等手段降低孩子的焦虑情绪，也可以通过运动或游戏的方式让孩子放松心情、转移紧张的注意力。如果孩子已经产生了焦虑情绪，也不用过于担忧，要用温和、宽容的态度鼓励孩子用适当的方式将焦虑情绪宣泄出来。耐心地倾听孩子的烦恼，鼓励他敞开心扉；让他感受到你的理解和同情，不要嘲笑和责备他；做孩子的朋友和老师，告诉他应该怎样正确地对待考试和成绩，以及正确对待同学之间的竞争，等等。无论什么时候，父母的怀抱都是孩子减压的最好港湾。有了家长的体谅和理解，孩子的考试焦虑就会逐渐减轻。

 **延伸阅读:情景游戏对儿童焦虑情绪的正面影响**

  关于情景游戏对儿童焦虑情绪的改善作用,很多教育专家和儿童心理学家都给出了积极正面的肯定。实验也证明,经过特定的情景游戏后,孩子先前的紧张、焦虑情绪会得到很大的缓解。

  众所周知,焦虑是一种负面情绪,对孩子的身心有不良影响,随着人们认知的提高,焦虑障碍也逐渐成为一种较常见的儿童心理障碍,因此如何帮助孩子克服焦虑情绪也成为教育家和心理学家们研究的重要课题。热爱游戏是孩子的天性,利用情景游戏来帮助孩子缓解和消除焦虑情绪,正逐渐成为备受推崇的一种有效方式。

  比如,每个学期伊始是孩子分离焦虑集体爆发的时刻,不仅幼儿园小班的孩子容易产生分离焦虑,大班的孩子也同样难舍父母的怀抱。针对这一现象,家长及老师可以组织"第一天上学"的情景游戏,让孩子参与进去,鼓励孩子将自己对父母的依恋之情和难舍之情充分表达出来,同时也让孩子了解幼儿园也是一个大家庭,老师就像父母,小朋友就像兄弟姐妹一样。在和谐轻松的氛围中,孩子的情绪会得到放松和稳定,焦虑情绪自然也就能得到缓解。

比如，针对孩子的社交恐惧和焦虑症，家长可以通过设置"找朋友""手拉手"等主题游戏，鼓励孩子勇敢地寻找好朋友，创造友爱、温馨、美好的氛围，让孩子明白友谊是世界上美好的情感之一，友谊可以给人带来温暖、勇气和快乐，同时帮助孩子积累交友的成功经验及愉快体验。

再比如，家长就可以通过角色扮演的游戏方式，再现自己外出办事或上班时的情景，让孩子知道大人有足够的自我保护能力，并不会"迷路"或者"被坏人绑架"，从而缓解孩子的焦虑、担忧之情。

总之，游戏不仅可以给孩子带来快乐，更有教育的辅助功能。创设情景游戏，充分利用情景游戏的正面影响，可以显著缓解孩子的焦虑情绪，是一种值得提倡的教育手段。

第七章

孩子胆怯不用怕：共心共情，帮孩子建立自信

 **小测试：你的孩子属于C型性格吗**

心理学家根据人们的行为表现和情感表达方式的不同，将人类的性格分为A、B、C、D四种类型，其中C型性格有以下显著特征，看看你的孩子是否属于该类性格吧。

测试内容

1. 孩子言行举止小心翼翼，不愿意与陌生人交往，很难融入新环境中。
2. 孩子喜欢独处，即便和小朋友一起玩耍，也不愿意吐露心事。
3. 孩子性格敏感、多疑，很容易受伤害。
4. 孩子受伤后喜欢将自己封闭起来，也很难原谅伤害自己的人。
5. 孩子不喜欢成为众人关注的焦点，在人多的时候会感到窘迫、不自在，更不喜欢在众人面前表现自己，希望别人最好将自己当作空气。
6. 孩子即使对不喜欢的人也能表现出彬彬有礼的态度。
7. 孩子对于新鲜事物持保守态度，喜欢墨守成规、按部就班，不喜欢创新和冒险，这实际上是因为害怕而选择退缩的一种表现。
8. 孩子内心即使反对他人的意见，也不敢表达，甚至不敢表现出来。

对于比自己强势的人，更多地采取追随和妥协的态度，很少提反对意见。

9. 孩子对外界充满了不安全感，对自己特别亲近的人通常比较黏，和对方短暂的分离也会让他们感到焦躁不安。

10. 孩子对自己的要求很高，希望自己是完美的，如果因目标定得过高而无法达到，就会陷入一种压抑和焦躁的情绪中。

11. 在团队活动中没有主见，孩子常常无原则地选择听从他人的意见，甚至为了讨好对方而说一些违心的话、做一些违心的事。

12. 即使对方伤害了自己，也毫无原则地选择原谅，虽然内心充满痛苦，却选择一个人承受。

13. 孩子容易出现抑郁、孤独、苦闷、沮丧、退缩等负面情绪，却不愿意跟他人倾诉，也不会正确的情绪宣泄之法。

答案解析

如果你的孩子出现以上多个性格特征，那么可以判断你的孩子是属于C型性格的人。这类性格的人通常胆小、怯懦、没有主见，同时又极度压抑、无助。科学研究发现，C型性格是一种偏向不良的性格，长久的压抑会影响人的免疫系统，对身心健康极其不利，甚至有人称C型性格为"癌症性格"，因为长期的压抑和悲观更容易诱发癌症。

C型性格的孩子常常会被误认为B型性格，但实际上两者差距甚大：B型性格的孩子宽容、温和，对万事都不计较；而C型性格的不计较只是由于胆怯、羞涩而采取的隐忍态度，内心并非不在意。因此这是一种被压抑的"好性格"，而不是真正意义上的豁达、开朗与宽厚。因此，父母要学会分辨孩子究竟是天生随遇而安、从容不迫的好性格，还是属于被动压抑的性格。

 孩子胆小,有先天与后天之分

蔚南和蔚祺是相差两岁的兄妹,但蔚祺的体质天生比哥哥蔚南的弱,性格也比哥哥胆小、娇怯,于是妈妈对蔚祺格外偏爱、呵护备至。

"哥哥是男子汉,胆子大;蔚祺是女孩,自然娇气些。"这是妈妈常常挂在嘴边的一句话。的确如此,蔚南从小胆子就大,和爸爸去钓鱼,软软的大青虫和蚯蚓伸手就敢抓,而蔚祺则尖叫一声,用手捂着眼睛,看都不敢看一眼。蔚南笑话蔚祺,妈妈说:"爸爸不怕小虫子,妈妈怕;你和爸爸一样是男子汉,蔚祺和妈妈一样,自然也怕小虫子了。"

带两个孩子到游乐园玩,蔚南什么都敢玩,蔚祺却一直紧紧拽着妈妈的衣角,什么都不敢玩。"上来啊!"蔚南大声叫蔚祺,蔚祺流露出胆怯又渴望的神情。妈妈想了想,怕蔚祺摔下来,抱起蔚祺说:"还是等你再大一些、再强壮一些,再去玩吧!"于是蔚祺紧紧搂住妈妈的脖子,再也不肯下来。

两个孩子和小朋友们一起玩耍,不知因为什么事起了冲突,蔚南勇敢地冲上去护住蔚祺。当蔚南和别的小朋友打成一团时,蔚祺躲在角落里边哭边叫妈妈。事后,蔚南不耐烦地对蔚祺说:"下次别人欺负你,别总是哭,哭没用的,要学会保护自己。"蔚祺看着蔚南红肿的眼睛,怯怯地

问:"疼吗?"

"这点小伤,没什么大不了。"蔚南满不在乎地说。蔚祺又开始哭起来,蔚南气得直跺脚:"你真是个胆小鬼,只知道哭,哭,哭!"

"妈妈说了,女孩天生就胆小!"蔚祺边哭边申辩。

当孩子怕黑、怕小虫子、怕陌生人,不敢和小朋友一起玩耍,受欺负只知道哭时,很多家长会像蔚祺妈妈一样说"这孩子,天生就胆小"。诚然,性格有天生的因素,因为有些孩子的中枢神经比其他孩子敏感,所以他们害怕外界一切有可能会对自己造成伤害的事物;但很多时候,后天环境的影响要甚于先天因素。

比如,对黑暗、猛兽、未知世界的恐惧是人类天生的,但经过后天的培养和锻炼,大多数孩子可以熄灯独自睡觉,怕蜥蜴的人可以把蜥蜴当作宠物。这说明,恐惧是可以克服的,胆小是可以改变的。不要总给孩子扣上"胆小"的帽子,久而久之,孩子就会产生根深蒂固的思想:我就是天生胆怯的,因此我害怕、恐惧也是正常的。孩子一旦产生这种想法,就会养成遇事退缩、胆小怯懦的性格。

一般而言,过于胆小的孩子通常来自两种家庭:一种是父母过于溺爱的,事无巨细,事事包办,不舍得,也不放心让孩子亲自去尝试。殊不知,正是这种不恰当的过度保护使孩子失去了成长的机会,一遇到问题就退缩,寻求大人的帮助,从而造成孩子的不自信和胆小怕事;另一种是专制霸道型家长,对孩子要求过高或者过于严厉,会让孩子害怕失败、不敢尝试,从而养成缩手缩脚、缺乏创新精神的性格。上文中的蔚南与蔚祺,生长在同一家庭,年纪只差两岁,但哥哥胆大、妹妹胆小,其根源就在于妈妈从一开始就认为男孩天生胆大、女孩天生娇气,因此对哥哥采取放养式教育,而将妹妹当作温室里的小花,从而造成了兄妹俩迥异的性格。

 ## 害羞也是胆小的一种表现

学校联欢会上,别的小朋友个个踊跃表现,唱歌的、跳舞的、讲故事的、表演小品的,都落落大方、积极踊跃,只有素素总是躲在妈妈怀里,什么节目都不参加。

联欢会结束后,妈妈问老师:"为什么不给我们素素安排节目?"老师很为难地说:"不是我们不安排,而是费尽了口舌,素素还是什么节目都不愿意参加。哪怕合唱,让她站在台上张张嘴,她都不愿意。"老师还告诉妈妈,素素在幼儿园表现很乖,就是很害羞,不仅上课不愿意回答问题,课后也不愿意和小朋友一起玩耍,总是一个人躲在角落里。

"怎么会这样呢?"妈妈很疑惑,"素素在家里不是这样的啊!唱歌、跳舞、讲故事,样样都乐于表演。"

"可能是陌生的环境和陌生人令素素害羞吧。"老师安慰妈妈,"长大了就好了。"

"素素,为什么上课不愿意举手回答问题,也不参加幼儿园小朋友的表演呢?"妈妈问素素。

素素回答:"我不好意思。回答错了或者表演得不好,大家会笑话我

的。我害怕被笑话！"

"哦，原来孩子害羞的真正原因是胆小！"妈妈恍然大悟。

害羞是一种比较普遍的情绪现象，跟其他性格特征一样，害羞也受遗传因素的影响。科学家发现，在害羞的人体内，"害羞基因"——一种与压力敏感度相关的基因，比常人要高。但心理学家也证实：害羞是可以改变的，在适当的教育和引导下，害羞的孩子也能改变自我，成为大方、自信的孩子。

那么，怎样才能改变孩子羞怯的性格呢？正如素素妈妈所发现的：孩子的羞怯其实就是胆小的一种表现，因为害怕和恐惧，所以不敢勇敢地表现自己、不敢和别的小朋友交往，在陌生人面前更加不自在。因此，要想改变孩子的羞怯心理，关键在于培养孩子的胆量和自信心。

胆量和自信都是可以通过锻炼提升的，家长要有意识地创造条件，让孩子多一些表现自我的机会。孩子小的时候，就要带他们多到外面走走，多与不同的人接触，鼓励孩子多交朋友。对于天生胆小羞怯的孩子，家长尽量要多鼓励、少批评，因为这类孩子自尊心特别强，又特别敏感，过多的指责和批评会让他们产生畏惧感，甚至产生逆反心理。比如，有的家长希望孩子成为一个有礼貌的人，就强迫孩子和自己的熟人打招呼。如果孩子不愿意这么做，他们就会当众批评和指责孩子。这会让孩子觉得很没面子，并且一旦被贴上"害羞"的标签，他们心中就会形成这样的自我判断，内心留下的阴影久久不能消除。

　　过于严厉自然不对，但过度的溺爱和保护也同样会使孩子养成羞怯、软弱的性格。有的家长总是心疼孩子小，怕孩子做不好，因此事事代劳、完全包办；或者担心孩子受欺负、受伤害，总像母鸡护崽一样护着孩子，剥夺了孩子与别人接触的机会。这会压抑孩子自主性的发展以及自理能力的提高，使他们养成胆怯、害羞的性格。

 "胆小鬼"往往是吓唬出来的

"妈妈,我要跟你睡!"苑杰抱着小枕头,站在卧室门口。

"不是说好了,妈妈陪你睡一晚上,以后都要自己睡了吗?妈妈已经陪了你三个晚上,你再说话不算话,可就是个小赖皮了哦!"

"我就是小赖皮,就要跟妈妈睡!"苑杰一边说,一边朝大床挪步子。

"不行!你都6岁啦,马上上小学了,是个小男子汉了,不能再跟妈妈睡。"爸爸一把抱住苑杰,试图把他抱回小房间。

"不要!我不要一个人睡!我害怕!我害怕……"苑杰在爸爸怀中拼命挣扎,大声哭喊着。

"爸爸妈妈跟你说过多少次了,没什么好怕的。爸爸妈妈不就睡在隔壁吗?"妈妈无奈地说。

"可是奶奶说,有大魔王、大妖怪,还有大灰狼,都会吃人!"苑杰一边说一边哭。

"胡说八道!"妈妈生气地说。

"可书上、电视里都有大魔王、大妖怪,还有大灰狼!奶奶说那都是真的,要是我不乖乖睡觉,它们就会来吃我。我一个人睡,就怕它们来吃我……"

妈妈心疼地从爸爸怀里抱过孩子,爸爸想拦着她:"你别惯着孩子,每次他一哭,你就投降……"

"你还说!让他奶奶带了几天孩子,你看看孩子回来都变成什么样了!天天就知道拿妖啊、怪啊来吓唬孩子,孩子都被她吓破胆了!"

"哪有那么娇气!"爸爸不以为然地说,"小时候我妈也是这么带我们的,我们兄弟几个也没像他这样胆小的。我看,都是你给宠坏的!"

"再哭!再哭大灰狼就来把你叼走了!"

"要是再不好好吃饭的话,要饭的就来抓你了!"

"还不睡是吧?晚睡的孩子可没人喜欢!"

……

这样的话,是不是听着很耳熟?试问有多少家长在孩子淘气、顽皮、不听话的时候说过这样的话?的确,对孩子来说,"吓唬"是一种很有效的手段,甚至能达到立竿见影的效果,被吓唬的孩子会立刻收敛其行为,变得乖乖听话。但是这样做的不良后果,家长是否认真考虑过呢?

专家指出,经常受到惊吓的孩子往往胆小怯懦、遇事易慌乱、没有主见,而且有可能患上精神方面的疾病,比如失眠、口吃、智力低下等。安全感是保证孩子健康成长的第一心理要素,而时常被恐吓的孩子终日生活在恐惧和担忧之中,即使在白天也会惶恐不安,晚上更是噩梦不断、惊醒啼哭。长此以往,孩子的身心健康必定会受到非常不利的影响。此外,研究还发现,经常受到恐吓的孩子反应比一般孩子要迟钝,因为孩子受到惊吓后往往因为害怕而不敢动、不敢想、不敢做,所以容易导致思维僵化、行为呆板。同时,由于缺乏安全感,孩子更容易变得自卑,害怕与人交往,害怕接触新事物。这种自卑甚至会伴随孩子的一生,让孩子缺乏勇气

和自信，最终一事无成。

鉴于此，请停止对孩子的威胁与恐吓吧，即使这种手段看起来很奏效，也不要随意用在孩子身上。吓唬或许能换来孩子暂时的安静与听话，但并不能让孩子真正明白事理。它只会增加孩子的不安和害怕，从而变成一个不折不扣的胆小鬼。

 孩子被欺负后变胆小，怎么办

晚上妈妈发现梓豪胳膊上有一小块青紫，就问他："怎么回事？"

梓豪看了看妈妈，低下头，不说话。"跟小朋友打架了？"妈妈又问。

梓豪还是没说话，过了一会儿，却哭了起来："我明天可以不上学吗？"

"为什么？"妈妈很吃惊，她敏锐地感觉到梓豪肯定在幼儿园遭遇了什么。果然，经过反复追问，梓豪终于"坦白"了：原来，最近班上转来一个同学，这个同学长得比较高大壮实，而且脾气不太好，总喜欢欺负别的同学，尤其喜欢欺负梓豪。他经常抢梓豪的东西，有时还会打梓豪，甚至把他推倒在地。昨天，他抢梓豪的玩具，梓豪不肯给，他就拿积木在梓豪的胳膊上狠狠打了一下。

"你为什么不告诉老师？"妈妈既心疼又生气。

"他说如果我告诉老师的话，他还要打我，打得更厉害！"梓豪回答。

妈妈被孩子哭得心烦意乱，生气地说："亏你还是个小男子汉，受了欺负就只知道哭。别人打你，你不会用力打回去吗？"

"可是我打不过他啊！"梓豪哭得更厉害了。

和大人相比，孩子之间更容易起争执，因为他们不会掩饰、不懂假装。所以在争执与吵闹中，就会产生"欺负"与"被欺负"的问题。喜欢欺负人的孩子自然要受到教育，但是被欺负的孩子也同样要受教育，因为只有正确的引导和教育，才能让孩子学会正确的人际交往方式。

很多孩子在受了欺负之后会像上文中的梓豪一样产生怯懦、恐惧的心理，甚至有可能变得害怕与人交往、害怕上学等。他们不仅会感到恐慌、委屈和沮丧，还会感到莫名的自卑和畏缩。这个时候，我们千万不能不能像梓豪妈妈一样冲孩子发火："你就不能还手吗？"这样做并不能让孩子迅速成长为一个"小勇士"，相反，大人的抱怨和训斥会增加孩子内心的羞愧感，令孩子承受更大的心理压力。

因此，当孩子因为受欺负而眼泪汪汪时，不要上来就指责孩子"没用、没出息"，而是要敞开怀抱，让孩子感受到温暖和宽慰，给予孩子足够的安全感和归属感，然后用温和的语气引导孩子说出事情的经过以及内心的感受，这能对孩子的情绪起到很好的抚慰作用。

当然，比宽慰更重要的是帮助孩子解决问题。要搞清楚欺负人的孩子是无心还是恶意。如果是无心，要劝慰孩子宽以待人；但假如是有意为之，就要及时与老师、对方家长联系，妥善沟通。不要气势汹汹地上门兴师问罪，这对解决问题毫无帮助，因为孩子之间的事情，本身就存在许多说不清的因素，大人坐下来是要解决问题，而不是吵架谩骂。

同时，也要教会孩子"反欺负"的必要技巧。并不是简简单单一句话："他打你，你就打回去！"一方面，孩子根本不懂或者不敢反击；另一方面，假如防卫过当，有可能会造成更大的麻烦。比如，总是鼓励孩子动手，就有可能使他养成粗暴的性格，从受欺负的对象变成欺负人的人，那就是另一种麻烦了。总的来说，要从细节处给予孩子指导，要教会他如何正当防卫、如何寻求老师的帮助等，并可以通过情景模拟的方式对孩子进行训练。

 说话声音小的孩子，多有胆怯情绪

开学一个月了，在第一次家长会结束后，岳岳妈妈向老师询问孩子平时的表现，老师迟疑了一下，说："孩子挺乖巧的，也很懂事、听话，几乎从不违反纪律。只是有一点，说话声音特别小，无论是平时和老师、同学说话，还是上课回答问题，声音小得几乎让人听不见。你们是否带他去医院检查过？不知道……"

"没问题，绝对没有问题。"妈妈着急地回答，"他说话、发声都是没有问题的，在家里和我们说话都挺大声的，就是一到外面声音就特别小。这个问题在他上幼儿园的时候，老师就经常向我们反映。我们一开始也以为他的声带或咽喉有什么问题，专门带他去医院检查过。医生说发育一切正常，没有任何问题。"

"哦！那就是胆小的原因了！"老师恍然大悟。

"是的。"妈妈点点头，"岳岳是奶奶带大的，老人特别宠孩子，带得特别小心，生怕孩子磕着碰着，什么都不让孩子去尝试，也不常带孩子出去玩。上幼儿园大班时，我们把岳岳接到身边，这才发现孩子胆子特别小，连说话都不敢大声说。真是愁死人了，这样长大怎么成为一个男子汉啊！"

孩子说话声音小，如果是生理上的毛病，比如声带发育不全、咽喉息肉、唇腭裂等病理性因素，需要及时带孩子到正规医院就诊；如果非生理原因，那么就要从心理方面寻找原因。一般而言，孩子说话声音小，多半是胆小怯懦所引起的。

俗话说："锣鼓听声，说话听音。"声音是一个人性格最真实的反映，对孩子来说则更是如此。因为孩子是最不善于伪装的，尤其是说话的声音，更是其性格品质与心理活动的真实写照。比如，一个说话声音洪亮、大嗓门，甚至粗声粗气的孩子，通常都是性格开朗、外向、自信、耿直的孩子；而说话声音过小的孩子，则大多是性格内向、胆怯、缺乏自信的孩子。这类孩子不但说话声音小，说话的时候也不敢看对方的眼睛，总是低着头，眼睛盯着地面或者看向别处。他们不愿意表现自己，尤其是在人多的场合，甚至更希望自己是个隐身人。这是胆小孩子的典型表现，正是因为胆怯、不自信，所以才不敢发声，不敢表达自己的意见。

对于这样的孩子，培养和增强他们的自信心是关键。只有自信心增强了，孩子才敢在人前发表意见和大声说话。多鼓励孩子参加集体活动，让他们在与人接触的过程中放开自己。当彼此熟悉之后，孩子的胆子自然也就大了，慢慢地就培养起了自信。

同时，也可以从行为矫正的角度来纠正孩子说话声音过小的毛病。当孩子说话声音过低时，家长可以不予回应，只有当孩子的声音足够大时，家长才予以回答。这是一个逐步强化的过程，只要坚持这么做，孩子久而久之就会明白：语言是用于交流的，如果声音过小，别人听不见，那么自己的要求和意见就无法得到回应；要想达到自己的目的，必须足够大声，让对方能听见。这样，渐渐地孩子就会形成习惯性反射，说话声音自然就大起来了。

 胆怯的孩子不善与人交际,怎么办

由于爸爸工作调动,全家搬到另外一座城市,正在上大班的新尧,也换了一所幼儿园。

上学的第一天,妈妈发现新尧很不开心,问他:"是幼儿园不好吗?还是老师待你不好?"新尧都摇摇头,回答:"因为我没有朋友了!"

新尧是一个比较害羞、胆小的孩子,在原先的幼儿园也是经过很长时间才交到了几个好朋友。如今,换了新环境,"老朋友"一下子全没了,难怪孩子会不开心。但是怎样解决这个问题呢?

妈妈打电话给老师,老师想了想,说:"明天让新尧带一个他最喜欢的东西到幼儿园来。"

第二天,新尧带上他最喜欢的小仓鼠到幼儿园,小朋友们一见活泼可爱的小仓鼠,全都围了上来,喜欢得不得了。新尧被小朋友们围在中间,有点紧张,又有点兴奋地回答着孩子们七嘴八舌的提问。

"新尧,新尧,能让我摸摸你的小仓鼠吗?我跟你做好朋友!"一个孩子问新尧。新尧点点头。

"我也跟你做好朋友,下次我给你摸我养的小兔子,好不好?"另一

个孩子也大声问。

新尧的小脸红红的,一下子交了那么多朋友,真是开心极了。从此,新尧再也不害怕到新的幼儿园去了。

性格开朗、外向的孩子天生"自来熟",到一个陌生的环境,总能很快融入;然而这对天生羞怯胆小、性格内向的孩子来说,就没那么容易了。他们害怕与陌生人打交道,更不懂如何与人交往,因此很难交到朋友,不仅性格容易变得孤僻、不合群,学习也会明显受影响,不利于身心健康发展。这固然与孩子天生的气质有关,但更重要的是受父母教养方式的影响。因此,要想改变孩子羞怯、畏缩的性格,首先需要家长改变教养方式。

对不太会主动与人交往的孩子来说,父母应该尽量创造机会扩大孩子的交往圈子,多带他们出去走走,鼓励他们多跟同龄的孩子接触。虽然父

母不能全程控制孩子交往，但是只要孩子多跟小朋友们在一起，自然就能交到朋友。因为人具有社会属性，渴望与他人交往是人的本能，即使是内向的孩子，内心也有这种渴望。

那么，怎样才能帮助孩子结交朋友呢？新尧的老师就给我们提供了一个很好的方法——用物质"收买人心"。有的家长会认为孩子把玩具或零食送给别的小朋友是在巴结别人，这是一种错误的认识。用物质换取友谊，这几乎是所有孩子结交朋友的最初方式，对学龄前的孩子而言更是如此。家长不用太担心，随着年龄的增长，孩子慢慢就会懂得用交换情感的方式来获取友谊。

如果孩子十分内向，无论如何都不肯迈出主动交友的第一步，家长就应该助他们一臂之力。可以每次邀请一两个孩子到自己的家中做客，因为孩子在自己熟悉的环境中会比较放松，能够主动接纳别的孩子。然后人数可以逐渐增多，并慢慢带孩子走出家门，到别的孩子家中串门。需要注意的是，不要总给孩子安排一些和他性格相近的朋友，要尝试着提供多群体环境，各种性格、各种年龄以及各种体魄的孩子都要去接触。这样可以培养孩子的多向社交能力，否则，反而会变成一种过度保护，阻碍孩子的发展。

 **延伸阅读：抓住内向型孩子的内在优势**

几乎每一位家长都希望自己的孩子大方、开朗、活泼、热情，遇事有主见、充满自信。可对于天生性格内向的孩子来说，做到这一点似乎并不容易。的确，在现代社会中，外向型性格的人更受欢迎，也更容易获得成功，而性格内向之人则容易处处受限。

事实上，内向与外向只是两种不同的性格类型，并没有优劣之分。外向型孩子也有性格上的缺陷，如做事过于毛躁、容易以自我为中心、不顾他人感受等；而内向型孩子也拥有很多优点，如做事稳重、性情温顺、善于倾听和思考等。因此，作为家长，与其强硬地让孩子改变性格，不如努力发掘内向孩子的性格优势，扬长避短，让孩子全面健康地发展。

胆小、羞怯的孩子，不敢拒绝别人的要求，因而处处显得被动。但事实上，这种性格也有其自身的优势——温顺、随和，不斤斤计较，所以通常是好朋友的最佳人选。作为父母，我们要善于发现孩子的这种优势，同时也要引导他们克服胆怯、变得勇敢，让孩子的性格更加完善。

内向和胆怯并不是一对"孪生兄弟"，但人们往往认为内向的人似乎天生就应该胆小、腼腆、不敢在公共场合大声说话等，久而久之，内向性格的人就会产生这样的认知。其实，胆怯、恐惧是每一个人都会有的体验，外向型的孩子或许只是通过不断锻炼和正面的鼓励克服了这种情绪，因此性格才变得果断、勇敢起来。鉴于此，当内向的孩子遇到令他们害怕或羞怯的事时，作为父母，要多给他们鼓励和信心，而不是嘲笑和打击。

　　林肯、洛克菲勒、奥巴马等世界杰出人物都曾说过自己是"内向之人"，但这并不妨碍他们成为耀眼的明星或历史名人。况且胆怯是可以克服的，果敢也是可以培养的。作为家长，我们要做的是帮助孩子扬长避短，而不是硬逼着孩子改变性格。

第八章

孩子总是郁郁寡欢,表明他需要倾诉和关注

 **小测试：你的孩子有儿童抑郁障碍吗**

如今，抑郁症越来越频繁地进入人们的视线。令人担忧的是，儿童患抑郁症的概率也在逐年增高。因此，作为家长要高度重视起来。现在测试一下，看看你的孩子是否有儿童抑郁障碍。观察孩子的表现回答下列问题，并在答案为"是"的题前打"√"。

测试内容

1. 孩子没胃口，不管吃什么都觉得不香。
2. 孩子睡眠质量不佳，常常从噩梦中惊醒。
3. 孩子情绪低落，时常会望着某个地方发呆。
4. 孩子不愿意开口说话，即便是和最亲近的人也无话可说。
5. 孩子不愿意和小朋友们玩耍，喜欢一个人待着。
6. 孩子常常会莫名其妙地哭泣。
7. 孩子时常会肚子痛。
8. 孩子不想上幼儿园。
9. 孩子对一切都提不起兴趣，哪怕是平时最喜欢的玩具和游戏，都没法提起兴致。

10. 孩子即使遇到高兴的事，也不再像以前那样哈哈大笑。

11. 孩子拒绝大人的怀抱，拒绝其他小朋友的关心。

12. 孩子脾气暴躁，一点小事就容易生气、发怒。

13. 孩子对一切都感到不满意，容易发脾气。

14. 孩子容易忌妒比自己强的小朋友。

15. 孩子时常纠结于一件小事，反复为一些微不足道的细节问题而烦恼。

16. 孩子感觉大家都不喜欢自己。

17. 孩子常常会莫名其妙地感到害怕和恐惧。

18. 孩子注意力不集中，无法进行正常的学习和生活。

19. 孩子记性突然变差，经常忘事。

20. 孩子容易自责，有些事情并不是自己的责任，也会责怪自己。

答案解析

以上二十条问题中，如果打钩的超过五条，那么就要警惕你的孩子有可能情绪上感到压抑和抑郁。

如果超过十条，那么你的孩子很可能有抑郁障碍，需要及时干预并采取措施。

 抑郁不是大人的"专利"，儿童也会患上抑郁症

"乔伊妈妈，你快点来学校吧，乔伊摔伤了手臂！"

接到老师的电话，妈妈心里一惊，连忙打车赶往乔伊的学校。原来，乔伊出事并不是"意外"，起码在一个月之前，妈妈就有所感应了。当时，将乔伊带大的奶奶刚去世，乔伊哭得喉咙都嘶哑了。乔伊和奶奶的感情深，妈妈和爸爸都深有了解，但是没料到奶奶的去世竟然给乔伊带来这么大的痛苦。这一个多月以来，乔伊不仅变得消瘦，情绪也变得异常低落，对什么都提不起兴趣，不愿意和小朋友们一起玩耍。他最喜欢做的事情就是一个人待在奶奶曾经住过的房间，静静地一个人发呆，很长时间都不说话。

"乔伊是不是精神上出了问题？"妈妈偷偷问爸爸。

"怎么会？"爸爸一口否定，"只是乔伊6岁之前一直是奶奶带，我们都在外地工作，奶奶是他最亲的人。现在奶奶突然去世了，他当然接受不了。等时间长了，就好了。"

可是有一次，乔伊的问题让妈妈吓了一跳："妈妈，天堂在哪里？怎么才能到天堂里去？"

"为什么问这个问题？"

"我想去天堂找奶奶。"乔伊含着眼泪说。

"别胡说八道！"妈妈训斥了乔伊。第二天，老师就打来了电话，说乔伊爬上了"彩虹桥"，摔了下来。幸好那只是一座用来装饰的小木桥，不是很高，孩子只是摔伤了手臂。

后来，在医院接受治疗的时候，心理科的医生也对乔伊进行了诊断，得出的结论是孩子患有抑郁症。

近年来，"抑郁症"一词越来越频繁地出现在人们的视线中，并成为危害人们健康甚至生命的"杀手"之一。然而，抑郁症并非成人的"专利"，儿童也会患抑郁症，只不过由于儿童情感发展尚不成熟、情绪表达还不完全，因而症状也不如成人明显，再加上在成人看来，儿童都是活泼可爱、无忧无虑的，因而就忽视了孩子的这一情绪障碍。

事实上，世界上最小的抑郁症患者年龄只有3岁，并且约有5%的儿童和青少年患有这一精神障碍（美国儿童及青少年精神科医生学会报告所提供的数据）。这类孩子通常都会失去孩子应有的活泼和热情，对一切都感到厌倦，变得孤僻、易怒，情绪低落，甚至会做出过激的行为来伤害自己和他人。

各个年龄段的孩子在罹患抑郁症时的表现也各不相同，并且由于儿童语言表达能力差，无法准确描述自己的情绪变化和情感体验，因而大人并不能轻易察觉出来。但是仔细观察，我们还是可以通过一些细节发现端倪。比如，孩子假如连续一段时间（一般为两周以上）情绪低落、不爱说话、经常莫名地哭泣、厌学逃学、不愿意与人交往，身体也出现各种不适时，家长就要注意和警惕，不能等到孩子出现自残甚至自杀的行为后才去重视，那样就为时已晚了。

儿童抑郁症表现的五个层面

诺雷一个人坐在窗帘后面，望着窗外发呆，很久都没有动一下。最近他经常这样，一副心事重重的样子。可问他怎么了，他也不说。妈妈为此有些担心。

"诺雷，下去跟小朋友们一起玩会儿吧。"妈妈走过去，望着外面开开心心玩耍的小朋友们，对诺雷说。

诺雷摇摇头，并没有改变姿势。

"那你跟妈妈去超市买菜，好不好？妈妈做你爱吃的糖醋小排。"

"不想吃，不去！"诺雷很干脆地回绝。

"那你想吃什么？跟妈妈一起去挑，妈妈做给你吃。"

"什么都不想吃！"诺雷站起来，嘟着小嘴，走进自己的房间。

妈妈跟进去，看见墙角的变形金刚，突然灵光一闪，说："诺雷，你舅舅前天给你寄来的变形金刚你还没装起来吧？叫小彬和小雨来我们家玩，你们一起装，好不好？"

"不要，不要！"诺雷不耐烦地摇摇头，突然大声对妈妈吼道，"你别站在我这儿，好烦啊！"说着，用力将妈妈推出门外，"砰"的一声关上了门。

妈妈惊呆了："这孩子，怎么脾气变得这么暴躁？"

诺雷不愿意与人交往、不愿意同小朋友们一起玩耍，很容易让大人联想到自闭症。但事实上，诺雷并没有表现出自闭症的典型特征，如行为刻板、语言发育迟缓等，反而表现出了抑郁症的某些特点。

美国精神病学会指出，儿童抑郁症的症状表现可以从以下五个方面体现出来。

一是生理层面的变化：身体会出现各种不适症状，如厌食、疲倦、肚子疼、头晕、便秘、没有活力，整天都无精打采的，身体迅速消瘦。

二是情绪层面的变化：情绪容易波动，容易陷入长时间的低落中，悲伤、难过、多疑、敏感、缺乏自信，甚至会产生莫名的愧疚感和罪恶感。

三是思维层面的变化：患有抑郁症的孩子精神不容易集中，思考速度减慢，思维的活跃程度降低，记忆力和决断力都有所下降，甚至精神恍惚、出现幻觉。

四是行为层面的变化：患有抑郁症的孩子活动量明显减少，对原本感兴趣的活动也失去了兴致，不愿意和别人交往，并且常常哭泣。有时也会以其他情绪的形式表现出来，如脾气暴躁、易怒、具有攻击性，甚至会以过激行为伤害自己和他人。

五是人际层面的变化：退缩是最常见的表现，如突然和好朋友疏离，不愿意和小朋友一起玩耍，不愿意外出，等等；也有的孩子会发怒，如上文中的诺雷一样，大声谩骂、乱发脾气、与人争吵等。总之，不愿意进行人际交往，态度冷漠，令人感到难以接近。

仔细对照上述五种层面的表现，不难看出诺雷很有可能是患上了抑郁症。因此，当孩子有这些情绪和行为出现时，作为家长，一定要尽快带孩子去专业机构进行科学治疗；同时要给孩子创造舒适的环境，并给予孩子积极的心理暗示，帮助孩子尽快走出抑郁情绪，重拾阳光童年。

 大人不要说"郁闷",让孩子远离抑郁

子妍的小姨带孩子冬冬来家里玩,3岁半的冬冬对新的环境很好奇,摸摸这个,摸摸那个,而4岁的子妍则缩在角落里,皱着眉头,看着冬冬。冬冬走过去想跟她玩,她却甩开冬冬的手。妈妈说:"怎么对小弟弟这么没礼貌?你还是小姐姐呢!"子妍就开始哭,一开始还小声抽泣,妈妈又说了她几句之后,她就开始放声大哭,怎么哄都停不下来。

妈妈很烦躁,忍不住对子妍的小姨抱怨说:"你看看,这就是我现在过的郁闷日子!老公不归家,总说公司生意忙;公公婆婆不肯伸手帮帮忙,推说自己身体不好;孩子还这么不听话!我天天郁闷得要发疯了!唉!早知道就不该结婚,更不该生孩子!真郁闷!"

子妍好像听懂了妈妈的抱怨,哭得更厉害了,一声高过一声。妈妈气得大声冲孩子吼叫:"哭什么哭!烦死人了!"冬冬吓坏了,一下子扑到妈妈怀里,吵着要回家。妈妈送走了妹妹和孩子,关上门,转过身,发现孩子还在哭,心情糟糕到了极点。

美国科学家曾做过一项实验,对147个家庭的孩子进行长达三十年的跟踪测试，发现如果父母患有抑郁症，那么孩子患抑郁症的概率要高出正常家庭三倍。这说明父母心情郁闷的话，孩子很可能也会产生抑郁情绪。而在爸爸和妈妈之间，妈妈的抑郁情绪对孩子的影响更大。

上文的例子也说明了这一事实。通过子妍妈妈的抱怨，我们可以看出，一系列不顺心的事让子妍妈妈感到"天天郁闷得要发疯"。这种压抑和不愉快的心情也传染给了孩子，所以子妍也表现出闷闷不乐的情绪，受到责备后这种情绪更是难以抑制，因此她不停地哭泣。心理学研究还发现，当妈妈心情郁闷，并在和孩子相处的过程中表现出生气、厌烦、愁闷等情绪时，孩子更容易不安、情绪低落。

因此，作为父母，不仅要关心孩子的情绪问题，也要注意培养自身健康、积极、向上的情绪。一方面，父母不要总将"郁闷"二字挂在嘴边，因为情绪真的会传染，而且情绪抑郁的父母在教养方式上也存在缺陷。如果父母的抑郁情绪长期存在，就会让亲子关系持续恶化。因为他们看待自己的孩子时，总比一般人更加消极、不满，而过多的指责和愤怒会让孩子感到无所适从、焦虑不安。另一方面，父母有时也会因为对待孩子的不正确方式而感到愧疚，这种愧疚同时伴随着无力感，会让他们的情绪更加糟糕。自然而然，孩子的情绪就会持续恶化。如果家长心中"压力山大"，就要注意及时疏导、排解，切勿将负面情绪带到和孩子的相处中，否则孩子就真的容易产生抑郁情绪。

 冬天多晒太阳，孩子不会闷闷不乐

两岁的筱仪最近夜里折腾得厉害，不是哭就是闹，爸爸妈妈第二天还要上班，实在有些吃不消，于是便打电话让奶奶来帮忙带一段时间孩子。

说来也奇怪，自从奶奶来了之后，筱仪夜晚哭闹的现象就改善了很多，有时候甚至一觉睡到大天亮，不哼也不闹。只是最近孩子变黑了许多，妈妈让奶奶给孩子少晒点太阳，奶奶大声说："那怎么行？万物生长靠太阳，黑一点怕什么？健康才最重要。"

妈妈有些哭笑不得，偷偷对爸爸说："难道阳光能治病？"爸爸郑重地说："你别不相信我妈，她奶奶说孩子玩累了，自然就睡得香。天天在家闷着，小心得抑郁症。"

妈妈半信半疑地查阅了资料，然后恍然大悟，她竖起大拇指，心服口服地对爸爸说："原来真和阳光有关，佩服！"爸爸得意地笑着说："不要小看老一辈的经验！"

冬季日照时间短，孩子晒太阳的时间少，因此体内一种名为"松果体"的腺体就会活跃起来，分泌出更多的激素。这种激素会影响细胞的活跃程度和甲状腺素的浓度，因此，孩子自然就会闷闷不乐、沉闷乏力。孩子和大人不一样，心情上的郁闷会直接反映在行为上，夜啼哭闹就是最典型的一种表现形式。

作为父母要在冬季注意孩子的身心健康。尽量让孩子多晒晒太阳，如果担心寒风的肆虐，就让孩子在阳光房或阳台上多活动。阳光会让孩子毛细血管扩张、血液循环加速，有益于身体健康。有意识地让孩子多参加一些集体活动，多和小朋友们一起玩，让孩子在欢笑声中赶跑抑郁，没有什么比这种方法更有效了。

当然，欢快和谐的家庭气氛对保持孩子快乐积极的心态也是极为重要的，父母的健康心态和积极情绪能影响孩子，让孩子充满正面向上的情绪；同样，整日唉声叹气、闷闷不乐的家长也无法养育出开朗活泼的孩子。因此，在冬日里，全家都保持快乐的情绪很重要。

此外，特别需要提醒家长注意的是，在冬季，千万不要盲目给孩子补钙。有的家长认为冬季阳光不足，会影响孩子骨骼生长，于是就额外给孩子补钙。殊不知这也是孩子"心情不好"的罪魁祸首之一。因为目前市场上的补钙药物大多含有维生素D，在新陈代谢较为缓慢的冬季，假如大量摄入维生素D，就容易在体内堆积，造成维生素D中毒，不仅会导致孩子精神抑郁，还会造成食欲减退、低热烦躁等现象。

第八章

 无形压力,"压"出孩子的抑郁

接申航放学回家后,爸爸对妈妈说:"孩子今天不舒服,在学校呕吐了。"

"怎么会这样?难道是感冒了?"妈妈紧张地摸摸申航的额头,"好像没有发烧啊!难道是吃坏肚子了?申航,你哪里不舒服?快告诉妈妈。"

申航拨开妈妈的手,走到沙发旁坐下,低着头一言不发。

"你哪里不舒服?问你,你说话啊!"妈妈跟过去,着急地说,"要不,妈妈带你去看医生,好不好?"

申航还是一言不发,既不点头,也不摇头。

"好了,你让孩子安静会儿。说不定休息休息就好了。"爸爸拉开妈妈。妈妈忍不住冲爸爸大声说:"不舒服又查不出原因,你知不知道这会耽搁多少时间?会耽误多少事情?他已经不再是幼儿园的小朋友了,上了一年级,学习压力那么大,稍不努力就会被甩在后面。"

"学习!学习!你一天到晚就是学习!孩子才上一年级,你就给孩子那么大压力,平常作业做完,课外练习要做到晚上九点,星期天也没得休息,不是补习班就是兴趣班,孩子不累得生病才怪!"爸爸也有些生气了,大声说。他转过身,不理妈妈,轻声对孩子说:"想吃什么?爸爸给你做。"

申航快快地摇摇头,爸爸有些着急地说:"早上吃的全吐了,几乎一天没吃东西,那怎么行!"

"我不想吃。"申航泪眼汪汪地看着爸爸,又轻声地加了一句,"爸爸,我不想上学了。"

"什么?你不想上学?小小年纪,怎么会有这个想法?你要气死爸爸妈妈吗?"耳尖的妈妈听到了,高声叫起来。

申航的头垂得更低了,任凭妈妈如何盘问和责骂,始终一言不发。

父母对自己的孩子都抱有殷切期望,但假如期望过高,不但父母自身会感到焦虑,也会将压力转嫁到孩子身上,令孩子喘不过气来,甚至患上抑郁症。文中的申航显然就是因为妈妈在学习上强加给他的压力太大,因此出现心情郁闷、胃口不好,甚至厌学等各种抑郁症状。

现代社会,学习压力导致抑郁症的事例比比皆是,并且近年来年龄呈下降趋势,甚至学龄前的孩子身上也出现了各种生理和心理的抑郁症状。其实不仅仅是学习方面的压力,日常生活中的各种小事也可能会成为孩子抑郁的"导火索"。韩国教育心理学家吴恩瑛博士在其著作《孩子的压力》一书指出:生活琐事,哪怕是吃饭、睡觉、上厕所等大人认为微不足道的小事,都有可能让幼小的孩子遭遇心理压力。当孩子遭遇重大变故时,如上幼儿园与父母分离、亲人过世、受小朋友欺负、遭遇老师偏见等,更容易产生焦虑、郁闷、惊恐等负面情绪。

或许在很多家长眼中,这些给孩子带来压力、造成困惑的"事件"根本不值一提,但因为孩子缺乏表达能力,不知如何寻求帮助和慰藉,因而往往承受着更大的心理压力,而且不知该如何去缓解。因此,作为孩子最亲近的人,父母应该关注并重视孩子的每一种情绪变化,及时给予孩子关怀和帮助,鼓励孩子说出压力的来源,然后引导他们化解压力、舒缓情绪。

离异家庭的孩子得了抑郁症,怎么办

俊伟9岁时,父母离婚了。妈妈带着俊伟到了一个陌生的城市,重新开始生活,并将俊伟送到一所新的学校。原本以为孩子年龄小、适应能力强,可以很快融入新的环境,但事实远远出乎妈妈的意料。

俊伟到了新学校,完全将自己封闭起来,上课从不举手回答问题,也不愿意跟老师有任何交流;下课后,他总是一个人待在座位上,要么看书,要么发呆,不出去玩,也不和同学们说话。班级和学校组织的活动,俊伟也从不愿意参加,甚至连观看的兴趣都没有。可是别看他平时沉默寡言、性格孤僻,脾气却不怎么好。有时候小朋友无心冒犯了他,他就会大发脾气,甚至大打出手,并且一定要打赢了才罢手。为这事,妈妈都被"请"到学校好几次了。

回到家中,俊伟也很少和妈妈说话,不是一个人看动画片,就是把自己关在房间里。妈妈跟他说话,他经常爱理不理的。更让妈妈担心的是,如今俊伟已经三年级了,可身高依然停留在三年前,一点都没长高。后来妈妈带他到医院检查,医生说这是典型的生长发育迟缓,主要是因为孩子心情抑郁。

抑郁症，这个原本被认为只和成人有关的心理疾病，如今却越来越多地发生在儿童身上，而且父母离异的孩子患抑郁症的概率比正常家庭的孩子要高出七倍之多。

俊伟的症状就是抑郁症的表现，这个我们在之前的章节中已经描述过，而引起俊伟抑郁的最主要原因，很显然就是父母的离异、住所的搬迁、陌生的环境。这一切都会让孩子产生深深的无力感和挫败感，而父母的离异和家庭的破碎则会加剧孩子内心深处的自卑和惶恐，让他觉得孤立无援、悲苦愁闷，因此，抑郁症便"不请自来"了。

所以，夫妻双方关于离婚的问题要多考虑孩子的感受，不要在孩子面前争吵或者互相指责漫骂，让离婚大战的硝烟远离孩子。要知道，如果父母在离异的时候不注重对孩子的心理疏导，会带给孩子一生的心理阴影。

那么，离异家庭该如何对孩子进行心理疏导呢？

首先，要让孩子感受到来自父母双方的爱。父母的爱是孩子最好的心理减压剂，要通过语言和行动的交流让孩子明白：即便父母分开了，也不会影响他们对自己的爱。即使今后组建了新的家庭，血缘关系、亲子之情永远都不会改变。在离异时，最愚蠢的做法莫过于为了自身的利益，将对对方的仇恨种植到孩子的心里，让孩子去恨一个原本他最应该爱和亲近的人。这对于孩子来说就是最大的痛苦，孩子的心灵在仇恨的拉锯战中怎能不抑郁悲伤，怎能不充满无助和惶恐呢？

其次，要帮助孩子打开封闭的交际圈，鼓励孩子走出幽闭的心灵，多结识新的朋友，多参加户外活动。遇事退缩、封闭自我、减少交际是很多离异家庭孩子的通病，而他们抑郁的症状就会在这种恶性循环中不断加剧。好朋友之间的情感交流有助于孩子打开心扉、吐露心声，而朋友之间的互动则有助于培养孩子乐观宽容的性格，从而与抑郁症说"拜拜"。

再次，还要注意培养孩子的抗压能力。父母离异是孩子人生中经历的巨大挫折之一，父母要教会孩子如何正确面对并处理人生中的困境。多关心、多鼓励、少批评、少责骂，让孩子学会忍耐和理解，同时学会在逆境中寻找精神寄托。

最后，假如孩子受父母离异的影响，情绪上已经出现抑郁的症状，就要及时调整养育环境和养育方式，有意识地帮孩子创造愉快的事件和活动，努力让积极情绪来抵抗消极情绪。允许孩子释放不愉快的情绪，对孩子的烦躁和抑郁表示理解，并帮助他们寻找发泄口。当然，如果这一切都不奏效的话，就要及时寻求心理医生和专家的帮助，陪孩子一起接受专业指导。

 延伸阅读：父母心理控制与儿童抑郁、攻击行为的关系

每一位家长都希望自己的孩子乖巧、听话，但是当父母试图用"爱"来达到这一目的时，只会给孩子带来伤害。

父母都希望孩子在学校听话，让他们少操心，有时候甚至会采用恐吓与威胁的手段来达到这一目的。表面上，这种手段很奏效，但事实上，父母这种以爱的名义对孩子进行心理控制，入侵儿童思想和情感的教养方式存在着极大的弊端，它不仅会引起孩子情绪上的抑郁，还会让孩子产生攻击行为。

几乎每一个孩子在成长过程中，都受到过不同程度的来自父母的控制，包括行为控制和心理控制。顾名思义，所谓"行为控制"是父母通过干预、控制等手段来限制孩子的行为；而"心理控制"则是通过各种手段在儿童心理和情绪上强加控制。这是一种入侵式的管教行为，其具体表现方式大约可分为四种。

其一，引发儿童的内疚感。比如，孩子不肯听从父母的意见，父母就喋喋不休地强调自己的辛劳和付出，引发孩子的内疚，从而让孩子不得不听从父母的安排。

其二，引起孩子的焦虑感。这一手段的使用和引发儿童内疚感基本相同，通过恐吓与威胁引起孩子焦虑，让孩子乖乖听话。

其三，爱的撤回。让孩子意识到父母的爱是有条件的，比如：考试成绩好，就能获得奖励和笑；假如考试考砸了，就对孩子不理不睬，以此来胁迫孩子好好学习。

其四，限制孩子表达自己的观点和想法。不给孩子表达自己观点或想法的机会，不愿意听孩子争辩，自以为给了孩子最好的安排。

很显然，以上无论哪一种管教方式，都离不开"压制"和"强迫"二词，而在层层压力之下，孩子的社会心理功能就容易受到影响，从而产生一系列的行为问题。这一系列的行为问题大致可分为两类：一类是内化问题，即孩子自我的压力表达方式，比如对社交产生退缩，情绪上产生焦虑和抑郁等；另一类是外化问题，比如冲动、违抗、出现攻击性行为等。

由此可见，父母对孩子的心理控制程度与孩子产生抑郁及攻击行为的关系密切，并且呈正比关系，即父母对孩子的心理控制程度越高，孩子产生抑郁情绪和攻击行为的可能性就越大。因此，父母采取正确的教养模式，对孩子进行积极的、适度的心理控制是培养孩子良好的心理、情绪及行为的重要保障之一。

那么，什么才是正确的教养方式和积极的心理引导呢？

首先，尊重和理解是基础。每个孩子都希望得到父母的肯定和鼓励，当孩子犯错时，家长要以积极发展的眼光看问题，了解犯错的原因，再给孩子说明道理。坚决不能打击孩子的自尊心，不分青红皂白就批评指责。

其次，要让孩子明白并感受到父母的爱是无条件的。因此，有关专家建议：作为父母，应该无条件地爱自己的孩子，无论他或她是否听话。不要用"爱的名义"来要挟和恐吓孩子，不要动不动就对孩子说："不听话，妈妈就不要你了。"这会给孩子的内心带来压抑和忧伤，因为孩子表面上的顺从和乖巧，其实是以孩子压抑的情绪为代价的。

　　再次，要学会倾听孩子的心声，鼓励他们讲出自己的观点和看法。即使孩子的想法与自己的相悖，也不要粗鲁野蛮地打断孩子。耐心倾听，并用赞许的态度鼓励他们多发表意见。对于正确的意见，父母应给予表扬和肯定；即使孩子的见解错误或不成熟，也应该以开明的态度和孩子探讨与交流，而不是简单粗暴地否定和压制。

　　最后，要用平等的态度来对待孩子。不要将孩子视作自己的附属品，不要居高临下地对待孩子。有些家长总是试图掌控孩子的一切，而不肯听孩子的意见。"一言堂"的家庭氛围总是令人压抑的，而宽容、民主、自由的家庭氛围才是孩子所渴望的。要记住，无论哪一个年纪的孩子，都希望有自由选择的空间。这一点很重要。

第九章

厌学的心理之伤：给孩子心灵松绑，使其快乐上学

 **小测试：你的孩子有厌学情绪吗**

厌学是孩子对学习产生负面情绪的一种表现，是孩子消极对待学习活动的一种行为反应模式，是阻碍孩子接受知识、影响身心健康发展的重要因素。那么，你的孩子是否有厌学情绪呢？不妨做一做下列的小测试，或许可以给你一个比较明确的答案。

测试内容

1. 每天上学时并不是高高兴兴、开开心心的，而是嘟着小嘴，充满了无奈和不情愿。
2. 每天都盼着放假，尤其在放假开始的几天，总是非常兴奋，而到了假期尾声，则充满了失落感，情绪低落。
3. 学习不积极主动，而总是要在家人的催促下才肯读书、写字。
4. 孩子认为学习一点意思都没有，提到"学习"二字就闷闷不乐。
5. 问及学习的原因，孩子回答是"不知道，是爸爸妈妈叫我学习的"。
6. 上课时总是无精打采，不愿意主动回答问题，不懂的地方也不愿意向老师和同学寻求帮助。

7. 放学回家后，不愿意做作业，总是拖拉。

8. 有时甚至会抄袭同学的作业。

9. 不愿意同大人谈及学校的事情，尤其不愿意大人问及学习情况和成绩。

10. 讨厌考试，一到考试就出现各种身体状况：如肚子疼、头疼、浑身难受等。

11. 即便无事可做，也不愿意学习，捧起书本就打瞌睡。

12. 经常上学迟到、早退。

13. 经常找借口不去学校，有时甚至还逃学。

14. 对学习没有兴趣，但是对动画片、体育运动和影视明星等却很感兴趣。

15. 注意力不集中，无论是上课还是写作业，都容易走神。

16. 上课经常做一些与上课内容无关的小动作。

17. 不喜欢某些甚至所有的老师，经常和老师作对，经常受到老师批评。

18. 和同学关系紧张，在学校几乎没有什么好朋友。

19. 是经常被老师叫家长的对象。

20. 当学习上遇到困难或者考试没考好时，不愿意正视问题，而是喜欢找借口、理由为自己开脱，比如抱怨老师讲课不清楚、自己身体不好或者试卷印刷错误等。

21. 喜欢自我贬低，对学习以及学校生活没有信心，认为自己天生笨、能力差，不如别的同学。

答案解析

以上21个问题，假如回答"是"，则得1分；如果回答"否"，则不得分。最后根据得分结果参照下列解释。

得分在0~7分：说明孩子有轻微的厌学情绪。

得分在8~14分：说明孩子有中度厌学情绪。

得分在15~21分：说明孩子厌学情绪十分严重，甚至患有厌学症，应及时寻求教育专家以及心理医生的帮助。

儿童厌学情绪很普遍

昕昕上小学了,其他各门功课都很优秀,唯独英语成绩总是上不去,有时甚至不及格。爸爸妈妈很着急,给她请家教,送她去上补习班,可是昕昕的英语成绩还是很糟糕。到了期末,昕昕英语只考了四十几分。

"你英语这么差,长大后都找不到好工作!"妈妈忍不住训斥昕昕。

"反正我又不到国外去,干吗要学英语?"9岁的昕昕"狡猾"地反驳说。

难道这就是昕昕不好好学习英语的原因吗?自然不是,后来爸爸妈妈才知道,原来昕昕第一天上英语课时就被英语老师训斥了几句,昕昕不服气,顶了几句嘴,又被老师罚站了一节课。从那以后,昕昕上英语课时,她几乎从不听课,从来不举手回答问题,作业也总是抄同学的。这种表现让老师很生气,被数次严厉批评之后就形成了一种恶性循环。昕昕的英语成绩越来越差,几乎"惨不忍睹"。

爸爸妈妈得知原因后大惊失色,立刻想办法给昕昕转了学,同时送昕昕到心理专家处接受心理疏导。在心理专家的帮助下,昕昕逐渐打开了心结;更幸运的是,昕昕的新英语老师非常好,昕昕先喜欢上了这个和气温柔的英语老师,然后又逐渐喜欢上英语课和英语这门学科。第二学期结束时，昕昕英语竟然考了99分。

"失掉这一分是因为我粗心，下一次我一定能考100分！"昕昕自信满满地对妈妈说。

昕昕其他各门功课都很优秀，唯独英语很糟糕，很显然，这并不是她的智力问题造成的，而是由于她对英语这门功课产生了厌学情绪。而这种厌学情绪来自之前上英语课时不愉快的体验，以及对英语老师的害怕和憎恶。因此，要想提高昕昕的英语成绩，就必须先解决她的厌学情绪，请家教、上英语补习班，这些都是治标不治本的措施。要想真正改变这一现状，就必须消除她和英语老师之间的对立情绪，从而消除她对英语学科的厌恶和反感。

类似昕昕的这种情况在儿童中很常见。很多孩子之所以成绩不好，并不是因为他们不聪明，也不是因为没请家教，而是因为产生了厌学情绪。这种厌学情绪可能单单针对一门功课，也可能是讨厌所有学科。那么，造成孩子厌学的原因究竟有哪些呢？

总的来说，孩子厌学无非有两个原因。一是内因，即孩子本身的原因：由于年龄小，心理素质不稳定，不善于掌控自身情绪，因此学习上遇到一点挫折，就容易精神紧张、自信心受挫，从而影响考试成绩和学习心态；二是外因，即外部环境造成的孩子厌学：这一类原因有很多，比如父母不恰当的期望，某些老师教学方法不当，课业负担过重，和同学之间关系紧张，等等，都会让孩子产生抑郁、愁闷、烦躁的情绪，从而学习的积极性受到打击，产生厌学情绪。

可以说，每个孩子产生厌学情绪的原因都是不一样的，家长要研究和分析造成孩子厌学的根源，及时帮助孩子克服厌学情绪，才能让孩子重拾学习的乐趣，重建学习的信心。

第九章

 **上幼儿园的孩子也有厌学情绪**

6岁的轩轩一睁开眼睛就问:"妈妈,今天星期几?"

"星期五。"妈妈回答。

"啊?才星期五啊!"轩轩的表情很失望。

"怎么了?"最近轩轩天天问同样的问题,妈妈觉得有些奇怪。

轩轩低着头,没回答。突然,他捂着肚子说:"妈妈我肚子疼,今天能不上幼儿园吗?"

妈妈一眼就看穿了轩轩的鬼把戏,这些日子,他不是肚子疼就是头疼,总之想方设法不去上幼儿园。

"哎呀,好像今天是星期六吧,本来就不用上幼儿园的。"妈妈故意说。

"真的吗?那我们去公园玩吧!"轩轩高兴得跳了起来。

到底是孩子,继续假装一下都不会。妈妈又好气又好笑:"不去,你不是肚子疼吗?"

"我不疼了,真的,一下子就好了。"轩轩撩开衣服,给妈妈看自己的小肚皮。

妈妈装模作样地看看手表,说:"不对,是妈妈记错了,应该是星期五,明天就放假了,我们明天去公园吧。"

轩轩很沮丧地看着妈妈,小嘴一瘪,哭了出来:"妈妈,我又肚子疼了,我们不上幼儿园,好不好?"

妈妈有些生气了,很严肃地看着轩轩,说:"妈妈不喜欢说谎的孩子,你刚刚说肚子不疼了,现在要上幼儿园了,你又说肚子疼!"

"坏妈妈!坏妈妈!你是个坏妈妈!"轩轩似乎发觉被妈妈戏弄了,突然一下子发起火来,小拳头打在妈妈身上,一边哭一边叫,"我就是不要上幼儿园!我不要上幼儿园!"

如果说轩轩的表现是厌学情绪的体现,很多家长或许会感到奇怪:幼儿园的孩子也会厌学?

大多数家长认为,孩子在幼儿园里,无非是吃吃喝喝、睡睡觉,和小伙伴一起玩耍、做做游戏,多么开心的日子,怎么可能会厌学?但事实上,的确有一部分孩子会产生厌学情绪,他们总以各种理由逃避上幼儿园。尽管这些理由看起来很可笑,但恰恰说明了:年幼的孩子也会产生厌学情绪。

那么,幼儿园的孩子为什么会厌学呢?

前面说过,很多时候,孩子不愿意上学是因为分离焦虑。这在刚入园的孩子身上表现得最明显。离开熟悉的环境、离开最亲爱的爸爸妈妈,对孩子来说是件难以承受的事情,因此在刚入园时,他们总是哭泣,总是想方设法逃避上学,这是他们产生厌学情绪的根源。当熟悉了幼儿园的环境后,如果某个老师让他们害怕或讨厌,或者受到某些小朋友的欺负,也会让他们产生厌学的情绪,不愿上幼儿园。

有些家长认为,幼儿园的孩子没有学习压力,所以不会产生厌学情绪。事实上,不同年龄段的孩子都有各自的烦恼,比如,对幼儿园大班的

孩子来说，某一天没有得到小红花、没有被老师表扬，都会让他们感到失落，产生一种不被人喜欢的心理压力。即便在成人看来这种压力很可笑，但在孩子的心里，这些都会影响他们的心情。

 ## 好孩子和"学霸"也会厌学

  恒恒才上一年级,却已经是全校皆知的"小学霸"。尤其是入学测试当天,恒恒精彩的表现让很多老师目瞪口呆。老师问起恒恒的姓名等基本情况,恒恒并不像其他孩子一样一个个回答问题,而是很流畅地说完了自我介绍,甚至还用英文讲了一段。老师们都很惊讶,接下来又考了他几个数学方面的问题,发现恒恒所掌握的知识已经远远超过一年级孩子的水平。

  对恒恒来说,一年级的功课自然不在话下,父母很快将目标锁定在跳级上。当其他孩子还在学一年级的课本时,父母请的家教已经在教恒恒四年级的内容了,他们立志要将恒恒培养成神童。

  很快,恒恒的父母发现孩子有些不对劲。家教给孩子上课的时候,恒恒不是说肚子疼就是说头疼,要么就频繁地上厕所,学习的进度明显慢了下来,四年级的测试卷,恒恒经常做不及格。爸爸妈妈又着急又生气,这可不是一个神童应有的表现,恒恒究竟是怎么了?

  后来,恒恒对爸爸妈妈说,他想和小朋友们一起学习一年级的内容。爸爸妈妈很生气,这孩子怎么能"自甘堕落"呢?恒恒的请求被断然回绝,可是恒恒再也不愿意专心听家教上课,也不愿意学习新的内容了。

很显然,在重重压力之下,恒恒产生了厌学情绪,开始逃避学习和上课,而这一切,都是因为恒恒的父母望子成龙心切,但揠苗助长只能适得其反。

作为一个有口皆碑的"小学霸",恒恒的厌学情绪既出人意料,又在情理之中。其实这并不是个别现象,在现代社会中,很多父母都在孩子身上倾注了太多的期望,常常用超越孩子实际情况的高标准来要求孩子,甚至期望自己的孩子成为神童。这种高标准、严要求会让孩子的心灵不堪重负。而且有些"虎爸虎妈"因为孩子达不到自己的要求,就对孩子严厉体罚,这更让孩子对学习产生厌恶和畏惧心理,厌学情绪由此产生。

鉴于此，不要认为只有成绩差的学生才会讨厌学校、讨厌学习，当孩子压力过大、人际关系不好时，好学生同样也会产生厌学情绪。对于孩子的厌学情绪，作为家长首先要了解原因，并对孩子表示理解，然后根据孩子的实际情况提出合理的要求，制订合理的学习计划。如果孩子压力过大，就带孩子放松放松，适当地降低学习目标，尽量让孩子保持轻松愉快的情绪。

还有一些孩子的压力来自他们自身的高标准、严要求。有的孩子天生好强，无论在哪个方面，都希望自己能超越别人，因而这类孩子的心理压力也比较大。但是当成绩和付出不成正比，或者无论自己如何努力都达不到设定的目标时，这种心理压力就会越来越大。如果压力超出自身所能承受的范围，孩子就会产生厌学情绪，尽管这种压力来自自身。正如儿童教育心理学专家指出的：当孩子无法完成当前的学习任务时，就会产生懒惰和退缩心理。因此，在这种情况下，家长应该做好"消防员"的角色，教导孩子降低学习目标，帮助孩子找到学习的乐趣，提高孩子的学习积极性，这才是帮助孩子克服厌学情绪的关键所在。

第九章

 孩子心理疲惫缺自由,也会诱发厌学情绪

"妈妈,我想要这个。"

10岁的子谦拉着妈妈的衣袖,看着柜台上的一排学习机,挪不开步子。

妈妈看了一下价格:"那么贵!"不过转念一想,子谦正上小学呢,学习机或许能派上用场。于是便正色对子谦说:"妈妈给你买可以,但是从今以后,你每天必须在学习机上学习一个小时。"

"好!"子谦拍着手答应了。

果然,学习机刚买回来的一段时间,子谦每天一放学回家,就对着学习机听故事、读单词、做简单的数学题,很有兴致,有时甚至超过一小时还不肯放下来。可随着时间的流逝,子谦对学习机似乎并没有那么感兴趣了,尤其是当功课的难度逐渐增大、子谦学习起来感到有些困难时,他甚至开始抗拒触碰学习机。

有一次,子谦学校组织春游,回到家,子谦感觉很累,吃过晚饭后,早早地就想上床睡觉。可妈妈拿出了学习机:"今天的学习时间还没满呢!"子谦的小脸一下子垮了下来:"我今天不想玩了。"

"这可不是玩,是学习。"妈妈说,"我们可是说好的,每天一个小时,好孩子不能说话不算话。"

"我就是不想学习!"子谦烦躁地大叫起来,狠狠地把学习机摔在地上,电池盖都摔掉了。妈妈又心疼又生气,大声吼道:"还没上中学就不想学习,真是个没出息的孩子!"

有人说,孩子是天生的学习者。的确,从出生起,孩子对这个世界的一切都充满了新鲜感和好奇心。他们总是试图研究一切、学习一切,充满着孜孜不倦的热情和用不完的精力。但是突然有一天,你发现孩子不再拥有学习的兴趣和热情,甚至开始逃避和厌恶学习,不要忙着责备孩子,或许是环境,或许正是我们自己,让孩子变了模样。

子谦的妈妈说"学习和玩是两回事",但对于孩子,尤其是低龄孩子来说,最好的学习就是"玩中学""学中玩"。学习只有充满了趣味,才会对孩子充满吸引力。学习一旦失去了趣味和自由,就会变得枯燥乏味,就会充满沉重的压力。学习假如没有智力活动的愉悦,没有收获的快乐,孩子自然就会心生厌倦,从而产生厌学情绪。

鉴于此,要想让孩子对学习保持热情,就要让孩子的心灵充满自由的空气,不断引导孩子发现新的奥秘,才能启发孩子主动去学习、去探索。不要给学龄前的孩子强制性地布置智力型学习任务,否则就会让孩子对学习产生恐惧,身心变得疲惫,进而产生厌恶情绪。一旦学习变成索然无味的任务,孩子就会失去学习的热情和兴趣。

儿童厌学情绪多，大人过度保护惹的祸

开学快4个月了，7岁的真真还时不时地闹着不肯上学。爸爸妈妈很苦恼，忍不住相互埋怨：妈妈埋怨爸爸把孩子交给乡下的爷爷奶奶带，使孩子养成了不少坏习惯，甚至不愿意上学；爸爸则反唇相讥，埋怨妈妈当初非要做什么女强人，孩子4个月就断奶了，重返职场后忙得没有时间照顾和教育孩子。

由于断奶早，真真的身体从小就不是太好，经常生病，因此爷爷奶奶就格外疼惜这个唯一的孙女。在上幼儿园之前，爷爷奶奶很少带真真外出，一是害怕人多的环境空气不好，二是害怕孩子受欺负。所以真真的幼年时光多是在家里度过的。

由于从小接触外界较少，真真到了幼儿园很不适应，天天嚷着要回家，要和爷爷奶奶在一起。她胆子特别小，又经常生病，身体一出现点小状况，爷爷奶奶就会立刻把孩子接回家。三年的幼儿园时光，真真断断续续地只在幼儿园待了不到一半时间。

等到上小学，爸爸妈妈将真真接回了城里。可真真对小学生活一点都不适应，依然动不动就找借口不想去上学。即使到了学校，上课时也总是走神，学习成绩很不好，和老师的交流存在很大的问题。老师反映，真真也不知道如何跟同学相处，总喜欢一个人待着。几次小测验的成绩也让爸爸妈妈很焦虑，在互相埋怨的同时，也忍不住责骂真真。这么做使孩子对学校以及学习更加反感，甚至出现了严重的厌学情绪。

俗话说："过度的保护实际上是伤害。"在真真的身上，再一次验证了这句话的正确性。

爱护心切本不为罪，可如若因为害怕孩子受伤害而在孩子与社会之间砌起一道墙，反而会严重损害孩子的身心健康。过度保护会让孩子养成胆小、怯懦、孤僻、冷漠的性格，不但无法适应学校的学习和生活，长大后也会离群索居、独来独往，造成心理与人格的不健全。

大人的过度保护会让孩子依赖性强、独立性差，不知道如何与同龄人相处，一遇到困难就会退缩。这些都会对孩子的学习造成不利影响，而孩子的学习成绩不理想，又会反过来加深孩子的自卑、畏缩和抑郁，从而形成一种恶性循环，产生厌学情绪。

孩子的厌学情绪在假期结束、新学期开始时表现得尤为明显，这一方面是出于对大人的依赖，另一方面是出于对舒适、自在家庭生活环境的留恋。研究显示，在家庭中受到大人严重溺爱、过度保护的孩子，到了学校之后就越难适应学校生活。一些娇惯成性的"小皇帝""小公主"在学校里没有了优越感，又缺乏与人相处的经验，人际关系一般很糟糕。这也会让他们在学校生活中产生不愉快的体验，是孩子厌学的重要原因。

由此可见，父母的过度保护是孩子求知和求学路上的"拦路虎"，是造成孩子厌学情绪的原因之一。因为从某种意义上来说，过度保护其实就是过度限制，会扼杀孩子学习的积极性、主动性和创造性。切记：无论对于何种事物，"过度"即"危险"，并且"越过度越危险"。

第九章

 人际关系紧张，也会让孩子产生厌学情绪

　　小海原本是一个活泼可爱的孩子，在老家的一个小城市上学时，不仅成绩好，老师同学也都很喜欢他。小海那时候很喜欢上学，因为上学对于他来说是一件充满乐趣和吸引力的事。

　　后来，由于爸爸工作调动，小海和妈妈跟随爸爸一起到了大都市——上海，进入了本地一家小学。和大城市的孩子相比，小地方来的小海似乎有些"土"，尤其是那带着浓重地方口音的普通话，更让他显得和其他同学格格不入。一些调皮的孩子不仅嘲笑他的穿着，还故意捏腔拿调地学他的普通话。在课堂上，老师叫小海回答问题，一些同学就在下面"嗤嗤"地笑，下课后故意学着小海的发音，逗他玩。每当这时候，小海都涨红了脖子，捏紧了小拳头。

　　终于，有一天，忍无可忍的小海将捏紧的小拳头打到了一个故意学他讲话的同学脸上。小海不但受到老师的批评，还被叫了家长，赔偿了医药费。回到家，妈妈忍不住责怪了小海几句，小海大哭着将书包扔在地上，坚决不肯再去上学。

学校，对于孩子来说，不仅是一个学习知识和技能的地方，还是一个收获友谊和快乐的场所。但对小海来说，自从到了上海的某所学校，他并没有收获友谊和快乐。同学的嘲笑让他小小的心灵充满了挫败感，于是他开始厌恶学校、憎恨同学，进而产生了厌学情绪。

可见，无论年龄多么小的孩子，都希望得到同龄人的认同和接纳，且孩子一旦遭到排斥，就会产生对抗心理和对立情绪，形成紧张的人际关系。人际关系紧张会令孩子感到孤独、落寞和压抑，而这些情绪则会直接影响孩子在学校的心情，进而影响他们正常的学习活动。比如，遭到同学的误解、嘲笑和排斥，没有好朋友，得不到大家的信任，等等，都会让他们没有归属感，进而产生逃避、厌恶学校及学习的心态。

师生之间的不良关系也是导致孩子产生厌学情绪的重要原因。有的老师过于严厉，对孩子要求过高，会让孩子产生畏惧心理；有的老师过于偏

爱好学生，就会令"差生"产生失落感，甚至生出怨恨心理；还有的是师生之间的误会没有及时解开，让孩子觉得受了委屈……这些都会让孩子产生紧张、抑郁和焦虑的情绪，从而影响孩子的学习态度和学习效果。

对儿童来说，人际关系中最重要的莫过于亲子关系。在之前的文章中，我们已经讲过，家长过于溺爱或过于严厉，都有可能引发孩子的厌学情绪。因此，创造宽松和谐的家庭环境，建立彼此信任包容的亲子关系，也是让孩子快乐学习的关键因素。

总之，良好的人际关系和氛围是孩子情绪健康发展的重要保证，无论是与父母、老师还是同学之间的关系，都直接影响着孩子的喜怒哀乐以及学习的动力和兴趣。

# 延伸阅读：儿童的挫败感和自信心的临界点

相信大家都有过这样的体验：做一件事情到达某个程度时，再想提高就很困难，有时即使付出几倍的努力也无法突破。这种状态，在心理学上叫"临界点"，也叫"瓶颈期"。比如爬山或跑步，在临界点之前的那个时刻，感觉筋疲力尽，几乎无法支撑；但一旦咬紧牙关，挺过这个临界点，就会到达一种全新的境界，自信心和自豪感也随之产生。

孩子也会遇到这样的临界点，如果跨不过去，就会被挫败感所缠绕，产生失望、沮丧、烦躁和焦虑的情绪，甚至丧失自信、自暴自弃；如果越过了这个临界点，就能够体验到成功的快乐，就会豁然开朗，信心大增。因此，我们要帮助孩子跨越临界点，重拾信心和快乐。

首先，要培养孩子的抗挫能力。从小就要鼓励孩子勇于尝试，并且在遭遇失败的时候学会坚持。这并不是一件容易的事，但如果有父母的陪伴和鼓励，孩子面对困难时就会有更多的勇气和信心。但陪伴绝不等于包办，有些经历和挫折一定要孩子亲身体验才能够变成宝贵的经验，而勇敢、自信与乐观也是在多次失败中逐渐获得的。

其次，要让孩子体会到成功的乐趣。无论是什么人，一味的失败最终

只会导致信心的丧失,只有不断体会到成功的乐趣,才会有坚持下去的动力。因此,当孩子遭遇瓶颈时,不妨引导孩子将目标降低或者切分成若干小目标,逐一实现。这样压力就会减少,孩子也更容易成功,从而保持做事的兴趣与信心。

最后,可以教孩子巧妙绕过瓶颈期的方法。此路不通,就换个思路或方法,或者索性让孩子暂停一段时间,彻底地放空身心。这就像电脑重启一样,清空之后,速度可能更快。

总之,孩子遭遇瓶颈时更需要父母的关心和指导,家长要抓住这个锻炼孩子意志力与抗挫能力的好时机,给予孩子积极正面的教育和引导,帮助孩子突破瓶颈,在迎接挑战的过程中建立自信和勇气。

附录

 通过孩子的画，感知孩子的情绪和性格

俗话说："言为心声。"对于语言能力尚未完善的孩子来说，绘画也是他们的心声。当孩子不会或者不愿意用语言表达内心情感和情绪时，大人通过研究他的绘画，也可以感知他的内心世界。

心理学家认为，孩子的画是一扇通往他内心世界的大门，通过这扇大门，我们可以窥见孩子的喜怒哀乐、所思所想。这是孩子表达心声的一种特殊"语言"，是孩子表达情绪、情感和对外界认识的一种方式和手段。孩子绘画作品中的每一笔、每一划，甚至颜色的选择、线条的粗细，都可以直观地反映出孩子真实的内在情绪与性格。

比如，情绪积极向上的孩子更喜爱用暖色调，明亮、温暖、热忱，就像一颗小太阳，充满了对生活的热爱和喜悦；而情绪低沉的孩子在绘画时，就会不自觉地选用黑色、灰色、蓝色等冷色调，借此传达内心的失落、悲伤和抑郁。

再比如，如果孩子绘画的线条粗细均匀、力度适中，说明孩子当时的情绪是平和、稳定的；但假如线条强劲、反复加深，甚至将纸背都戳破了，就说明孩子的情绪不稳定，或许是愤怒，或许是激动，以此来寻求发

泄,甚至具有攻击性;如果线条细而淡,模糊不清,就说明孩子天生比较害羞、胆怯、缺乏自信,没有安全感。

同时,最常出现在孩子绘画中的人物往往是孩子最亲近的人,说明他在孩子的心中占有非常重要的位置,孩子将对其的依恋和热爱全都画在了画中。一般来说,孩子喜欢某个人,画这个人时的线条就会很柔和,色彩也会很明丽;但假如孩子讨厌或害怕某人,就会将其画得面目可憎、血盆大口,色彩也多以黑、灰等冷色调为主。

此外,心理学还认为,喜欢画三角形的孩子脾气比较急躁,情绪容易波动,但是理解能力和逻辑思维能力较强,头脑清晰,思路灵活,多半喜欢数学;喜欢画圆形的孩子脾气温和、细心耐心,有很强的创造力和丰富的想象力;喜欢画折线的孩子情绪不太稳定,令人捉摸不定,但是思维敏捷,有较强的分析能力;喜欢画连环图案的孩子待人宽容大度,自信心和适应能力都很强,尤其对环境的适应力很强,等等。

总之,孩子的绘画就是一门科学,要想看懂孩子的绘画,不但要用眼睛,更要用心。画中的线条、色彩、布局、比例、图形,看似毫无规律,实际上大有学问,无不在向我们展示着孩子的情感、情绪、气质、性格、心理变化、认知水平以及兴趣爱好等。

 **屡试不爽的十种儿童情绪管理法**

儿童心理学专家指出,孩子6岁前如果无法了解、认识和学习掌控自身的情绪,就会导致负面情绪不断,对孩子今后的成长产生负面影响。因此,引导孩子学会情绪管理方法,应该从以下几点做起。

1. 认知法

学会识别自身的情绪是情绪管理的第一步。我们要有意识地教会孩子了解并识别各种情绪,如快乐、愤怒、悲伤、抑郁等,并教导孩子准确表达自身情绪。事实证明,孩子越能准确地表达自身情绪,就越能够和大人顺畅地沟通,也越能有效地解决情绪问题。

2. 共情法

共情是走进孩子心灵的桥梁,让孩子感受到大人对他情绪的理解,孩子才会愿意向大人敞开心扉。认可孩子的情绪,对孩子的情绪感同身受,而不是一味地讲大道理,只有这样,孩子才会愿意向大人倾诉,大人也才能有机会教孩子情绪管理的方法。

3. 接纳法

当孩子出现各种消极情绪时,家长要学会接纳和理解,不要否定和压抑孩子的情绪。只有当孩子感受到父母对自己无条件的爱和接纳时,孩子才会有足够的安全感和自信心,才能有自我成长的空间以及学习情绪管理的能力。

4. 体验法

游戏是孩子成长教育方式之一,家长可以让孩子通过游戏的方式来感知情绪、了解情绪。通过亲身体验的方式,孩子能逐步领悟到积极情绪的正面作用和消极情绪的负面作用,从而更好地表达情绪与控制情绪。

5. 表扬法

表扬和鼓励可以帮助孩子建立自信,强化好的行为,遏制坏习惯,这是促进孩子成长和前进的动力。对孩子好的表现和行为我们要及时加以肯定,可以给予孩子精神鼓励或物质奖励。当然,表扬要适度,要言之有物,才能对孩子起到指导作用。

6. 批评法

批评和惩罚也是一种教育手段,但惩罚不等同于体罚,更不是威胁恐吓、发怒抱怨。对孩子乱发脾气,甚至自伤自残等不良情绪的发泄方法,要用科学的惩罚态度,理性、冷静而坚定地阻止孩子的错误行为。

7. 积分法

对于孩子的某些正向行为或情绪,如果表现好,就积1～3分,当积分到某个约定的数字时,大人可兑现孩子的一个正当愿望,借此来鼓励孩子。积分法可操作性强,目标明确,而且能循序渐进地强化孩子的良好行为,是一种比较科学有效的教育管理方法。积分的累计效应有助于培养孩子的自我控制能力和自我监督意识,获得成功后又能增强孩子的自信心与成就感,并逐渐内化为孩子的自觉行为。

8. 契约法

对于家庭成员应该共同承担的责任和义务,家长与孩子可以制定一份"契约",虽然这并不具有法律效力,但是对家长和孩子来说都具有约束力。契约体现了亲子之间平等、公正、尊重和诚信的关系,避免了家长的唯我独尊和口说无凭、随意更改等缺点,对于提高孩子的自我控制能力有很好的促进作用。

9. 系统脱敏法

对于消除孩子紧张、恐惧和焦虑情绪来说,系统脱敏法是一个不错的选择。将引起孩子紧张、恐惧和焦虑的事物一点点呈现在孩子面前,从局部到整体,逐渐消除孩子对这一事物的不良反应,提高孩子的心理承受能力,有助于帮助孩子恢复并保持正常的情绪与心理状态。

10. 宣泄法

当孩子陷入不良情绪时,一定要教导孩子悲伤的时候不必强忍泪水,愤怒的时候可以边跑边高声呼叫,抑郁的时候要向爸爸妈妈或者好朋友倾诉……只要不伤害自己、伤害他人,一切情绪宣泄都是可以理解并接受的。只有将不良情绪及时宣泄出来,孩子才能获得心灵上的安定,建立积极向上的正面情绪。